U0180472

世界怎样运作

HOW THE WORLD WORKS

地球

【英】安妮 · 鲁尼/著 吴奕俊 杨君芮/译

图书在版编目（CIP）数据

世界怎样运作：地球 /（英）安妮·鲁尼著；吴奕俊，杨君芮译．—武汉：武汉大学出版社，2022.3
书名原文：HOW THE WORLD WORKS：PLANET EARTH
ISBN 978-7-307-22592-3

Ⅰ．世… Ⅱ．①安… ②吴… ③杨… Ⅲ．地球—普及读物 Ⅳ．P1—49

中国版本图书馆CIP数据核字(2021)第216599号

责任编辑：黄朝昉　　责任校对：牟　丹　　版式设计：智凝设计

出版发行：**武汉大学出版社**　（430072　武昌　珞珈山）
（电子邮箱：cbs22@whu.edu.cn 网址：www.wdp.com.cn）
印刷：三河祥达印刷包装有限公司
开本：880×1230　1/16　　印张：13　　字数：258千字
版次：2022年3月第1版　　2022年3月第1次印刷
ISBN 978-7-307-22592-3　　定价：108.00元

目 录

P1 引 言
不可思议的地球

P5 第一章
诞生自混乱

创造物质 / 地平线上的云 / 从圆盘到行星 / 地球的物质 / 层层之间 / 创造月球 / 地球的形成

P23 第二章
亘古之前

过去的时间 / 物理学也起了作用 / 光与影 / 地壳的年份 / 时间分段 / 这都是相对而言的

P41 第三章
地球、空气和水

地球的大气层 / 抓住大气层 / 地球自身产生的大气 / 从岩石到海洋 / 一个亟待解决的问题 / 汇聚 / 深处 / 磁化的地球 / 岩石中的波浪 / 准备开始

P67 第四章
岁月的岩石

遍布世界 / 多种用途 / 矿物质和矿工 / 水成论和火成论 / 生死之石 / 风化

P85 第五章
活跃的地球

热的作用 / 移动的土地 / 大陆漂移 / 内外燃烧的火 / 造山运动

P113 第六章
生命改变了一切

第一个生命 / 发端 / 创造变化 / 温室和雪球 / 以新换旧 / 生命的复苏 / 布尔吉斯页岩

P133 第七章
生命登陆

向陆地迁移 / 制造土壤 / 动物、植物、矿物 / 长于大地 / 地层之间 / 进化之前的进化 / 灾难有多严重？/ 变化的世界

P163 第八章
灭绝的日子

四足鱼和四足动物 / 大灭绝 / 灭绝 / 发现恐龙 / 进化论——达尔文和雀类 / 从恐龙到现在

P185 第九章
人类世的到来

走出森林 / 人类的崛起 / 昨日的气候 / 塑造环境

总 结
P200 地球，
仍在进行中的工程

引言

不可思议的地球

在每一个突出的海角，在每一个弯曲的海滩，在每一粒沙子里，都有一个大地的故事。

——蕾切尔·卡森（Rachel Carson），《我们瞬息万变的海岸》，1958 年

新闻中每天都会出现关于我们的星球状况的故事，比如气候、生态系统和大气的变化。在 45 亿年的历史中，地球已经从一块在太空中旋转、不利于生命生存且贫瘠的炽热岩石变成了一个有水和土壤的温暖星球，上面覆盖着绿色，充满了生命。

人类研究地球历史已有许多个世纪，不时会受到超自然信仰和误解的影响，但我们现在已经对地球的过去和它的行为方式有了很好的了解。今天的挑战是我们如何利用已获得的知识，并使这颗行星适合所有生命居住。

适应或者死亡

地球上的生命总是通过适应变化的环境而生存下来。反过来，生命也影响着环境的变化。有时，各种条件的变化导致了主要生命形式的灭绝，但随后会有其他生命形式取而代之。气温和海平面的上升、下降，山脉生长和崩塌，海洋扩张和陆地重新合为一体。

印度尼西亚林卡岛的岩石海岸线勾勒出近乎圆形的海湾，揭示了岛上古代火山活动的历史。现代海洋淹没了史前的火山口。

地球的故事就写在我们脚下的岩石上。但在我们出发寻找故事之前，这个故事仍然隐藏着，人类花了几百年的时间才读懂其中的一部分，还有很多东西需要去发现和学习。我们是地球上第一种知道和了解我们出现之前的历史的生物，但在地质时期上，我们只存在了一眨眼的时间。

现代人类在 20 万年前才进化出来。如果我们把地球的历史看作一个时钟，把现在的时刻看作午夜，那么人类在几秒钟前就出现了。如果我们把时钟想象成一年，那么脊椎动物在 11 月 20 日出

现，哺乳动物在 12 月 13 日出现，现代人类在 12 月 31 日 23:36 出现。农业在同一天的 23:59 开始，工业革命在离午夜差 2 秒的时候开始。谁知道新的一年会带来什么呢？

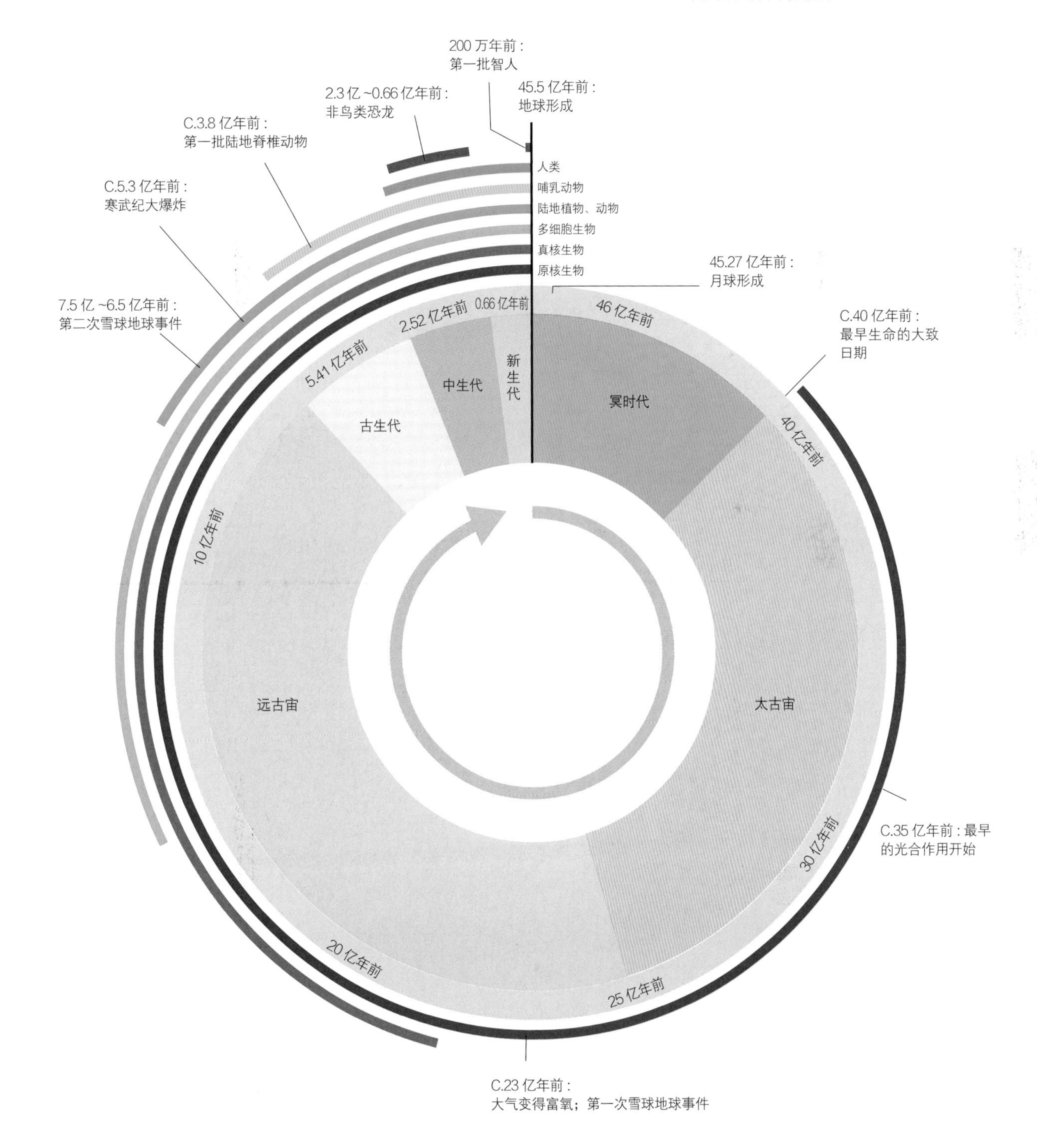

地质时钟显示了从 45 亿年前地球形成到人类进化的一系列事件。（C. 表示碳年代测定）

第一章

诞生自混乱

最初天堂与大地是如何在一片混沌中出现的。

——约翰·弥尔顿（John Milton），《失乐园》，1674 年第 1 卷

旋转的气体和尘埃云团是我们星球及其伴星的摇篮。地球的故事始于数百颗被毁灭的恒星散落的粒子，它们是由太阳形成的引力和热量所造成的。但我们要回到太阳系的 45.7 亿年前，看看建造世界的原材料从何而来。

艺术家对围绕正在形成的恒星旋转、由气体和尘埃组成的圆盘的想象图。

创造物质

在地球的恒星——太阳形成之前，无数代恒星诞生和消亡，在此过程中，它们产生了构成太阳系所有行星的成分。我们星球上的每一个原子，以及我们身体里的每一个原子，都是在一颗早已死亡的恒星，或它灾难性的结局中形成的。我们与宇宙的联系是亲密而永恒的：我们人类，以及我们周围的一切，都是星尘。

氢原子的原子核形成于宇宙的第 1 秒。几分钟后，它们中的一些聚集在一起，形成氦、氘（重氢）和锂的原子核。在接下来的38万年里，它们无法捕获电子并形成原子，因为它们必须等待宇宙大幅冷却。宇宙冷却时，形成的氢原子和氦原子将成为未来恒星的原料。

星光熠熠的祖先

第一批恒星在宇宙开始后大约 1 亿年后才开始发光。从那以后已经出现了好几代恒星，但它们几乎以相同的方式运转。每颗恒星在其生命的大部分时间里都将氢聚变为氦，并在此过程中释放能量。恒星在这种情况下被称为在“主序列”上。最后一颗恒星耗尽氢时，恒星开始聚变为氦，产生碳。然后，碳被熔合产生氧和其他元素，如此循环，直到它产生铁（原子序数 26），铁是在恒星的中心可以产生的最重的元素。

如果恒星相对较小，它的生命就到此结束。它的外层被吹到太空中，留下一个白热的铁核，在数万亿年内冷却。然而，大恒星的生命会以

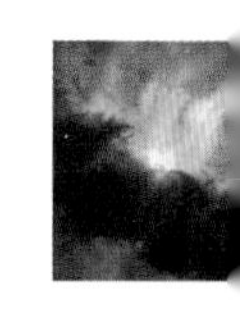

上图：我们星系中最年轻的超新星仙后座A残骸的伪彩色图像。仙后座A形成了一团气体和尘埃，向太空延伸数光年，携带着恒星诞生与死亡时产生的物质。

左图：红外望远镜显示的仙女座星系中巨大的宇宙尘埃云团。这些尘埃可以形成新的恒星和行星。

一个非常壮观的事件——超新星爆发结束。恒星在巨大的重力下向内坍缩，然后在自己的核心上反弹，把物质向外炸散到太空中。这所释放出的巨大的能量足以迫使铁原子聚集在一起，形成各种化学元素，直到出现能自然产生的最重的元素铀（原子序数92）。所有的元素，无论是外来的还是普通的，都被抛到星际介质中（在太空中传播的尘埃和气体的混合物）。

在太阳形成的时候，星际介质是一种丰富的混合物，包含了所有在恒星核心和恒星在灾难性消亡过程中产生的自然元素。

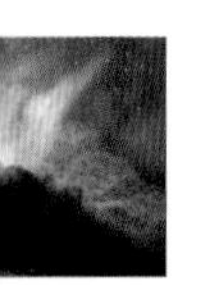

地平线上的云

所有这些先前恒星的气体和尘埃，以及宇宙起源时原始气体的残余，都不是均匀地分布在空间中的。引力的作用是把物质吸引到一起——即使是像气体原子那么小的物质也不例外。在物质密度较高的地方，就会吸引更多的物质。在整个空间中，巨大的气体和尘埃分子云团悬浮在空中，保持着一种防止它们扩散或收缩的平衡状态。如果有什么东西扰乱了这种平衡，造星运动就会开始。

播种太阳系

大约 46 亿年前，某种东西——可能是一颗路过的恒星，或者是附近超新星的冲击波，扰乱了形成太阳系的尘埃和气体分子云。起初，尘埃和气体聚集在一起，形成了比气体分子云中其他地方密度更大的区域。随着每个区域的质量的增加，它的引力也会增加，吸引更多的物质。

每个质心都在变成恒星，其中之一就是太阳。这个过程不断升级，物质越来越靠近，压力越来越大，温度越来越高。大部分质量都在中间，系统开始旋转。

一颗正在形成的恒星会吸引物质，大部分物质会落入旋转的中心物体。尽管我们的太阳星云至少有 99.8% 的质量被吸入太阳，但有一小部分仍残留下来，在太空中绕着太阳旋转。在大约 10 万年的时间里，最初由巨大的气体和尘埃组成的云团逐渐变成了围绕中心质量的一个薄圆盘——就像旋转比萨面球，使之变成一个扁平的比萨底。

不断增加的压力推高了温度，直到气体球变得非常热，开始发光，成为一颗原始恒星。当原恒星达到临界质量时，它就会向内坍塌，引发核聚变。恒星中心的压力是如此之大，它迫使氢原子聚集在一起，氦开始聚变。所有的恒星，包括我们的太阳，都是这样形成的。在坍缩云开始的大约 5 000 万年里，太阳作为主序星爆发了生机，向太空释放热量和光。

坍缩云

尽管这一发现听起来很现代，但它最早是在 1734 年由瑞典科学家兼神学家伊曼纽尔·斯韦登堡（Emanuel Swedenborg）提出的。他认为，太阳被性质上比太阳本身更粗糙的磁性粒子包围，这些磁性粒子的旋转速度与“太阳旋涡”相同，他认为太阳存在于“太阳旋涡”中，并从中获取能量。通过某种压缩，这些粒子变得“粗糙”，并在太阳表面形成了一个外壳。随着时间的推移，这些元素逐渐远离太阳，形成环绕太阳的“带”或“大圈”。当它向外移动时，“带”被拉伸到断裂的边缘。较大的块体变成了行星，较小的块体向内收缩，变成了太阳黑子（当时太阳黑子被认为是穿过太阳表面的天体）。

斯韦登堡经历了一次强烈的精神觉醒，这使他愿意放弃科学，因此，他从未进一步发展他的模型。但德国哲学家和科学家伊曼努尔·康德（Immanuel Kant）在 1755 年将其发展为星云假说。康德在他的《宇宙自然史和天体理论》（*Universal Natural History and Theory of the Heavens*）中，描述了星云或气体云在引

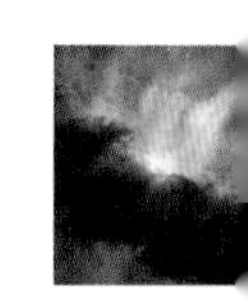

下图："就像试图在龙卷风中心建造一座摩天大楼"，天文学家亨利·斯罗普（Henry Throop）这样描述试图在原行星盘内形成新的恒星。图中所示的尘埃云位于猎户座星云。

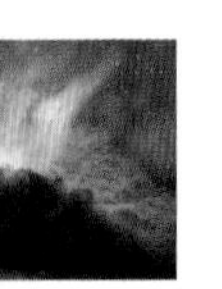

力的影响下旋转、坍缩和变平，最终形成恒星和行星，其顺序与现代模型非常相似。他认为，在他那个时代，用望远镜看到的星云是活跃的造星区域，事实确实如此。

1796 年，法国贵族皮埃尔·西蒙·拉普拉斯（Pierre-Simon Laplace）独立提出了星云假说的一个更详细的构想。他认为，太阳最初是热的、气态的云，不断扩展到当前太阳系的整个体积，然后冷却和收缩，形成原始的太阳星云。在旋转和变平的过程中，它会释放出气体环，而行星就是从这些气体环中凝聚而来的。

然而，如果拉普拉斯的描述是准确的，那么行星绕太阳运行的速度就会比现在的慢。太阳拥有太阳系的绝大多数质量，但角动量却只有其 1%。角动量的问题在 1900 年被天文学家弗里斯特·莫尔顿（Forest Moulton）证明，而星云理论在 20 世纪的大部分时间里都不受欢迎。

角动量

系统的角动量由公式 mvR 给出，其中 m 是在以半径为 R、速度为 v 的圆形轨道上运动的物体的质量。尽管角速度可以在系统中传递，但永远不会被破坏。在拉普拉斯的模型中，太阳系的所有角动量原本都应该存在于星云盘中，而现在大部分角动量都集中在太阳中。要使这一现象发生，太阳的自转速度必须比现在快得多（大约需要 25 天轮换）。事实上，太阳系的角动量大部分在木星、土星、天王星和海王星上。

1905 年，莫尔顿和地质学家托马斯·张伯伦（Thomas Chamberlin）提出了一种理论来取代拉普拉斯的假设。他们认为，流浪的恒星与太阳的距离足够近，足以将物质吸出旋臂，从中喷射出物质。恒星离开后，围绕太阳旋转的物质凝结，其中一些形成了小的星子，一些更大的形成了原行星。随着时间的推移，这些物质碰撞并结合，形成了行星和它们的卫星。剩下的碎片变成了小行星和彗星。虽然这一理论的大部分已经被最近的发现取代，但是现代关于太阳系起源的解释中依然有星子的概念。

目前星云理论的形式被称为太阳星云盘模型（the Solar Nebular Disk Model，简称 SNDM），起源于苏联天文学家维克托·萨夫罗诺夫（Viktor Safronov）和叶夫根尼亚·鲁斯科尔（Evgenia Ruskol）的研究。萨夫罗诺夫的《原行星云和地球及行星的形成》（*Evolution of the Protoplanetary Cloud and Formation of the Earth and the Planets*）于 1969 年出版，1972 年被翻译成英文。萨夫罗诺夫和鲁斯科尔意识到，星子在圆盘上的速度在不断变化，当它们接近其他星子时，它们的引力场会相互作用，使它们减速或加速。碰撞发生后，其结果将取决于碰撞物体的速度。如果它们移动得非常快，以至于任何碎片都达到了逃逸速度，那么这些碎片就会丢失。如果它们移动缓慢，这些碎片就会被拉回原来的位置，在反复的碰撞中，星子就会聚合更多的质量。

大约在同一时间，加拿大天体物理学家阿

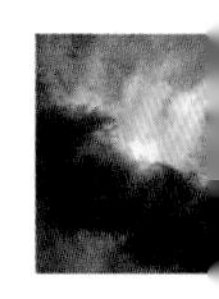

太阳的邪恶双生子

一些天文学家提出，太阳最初是一个双星系统的一半。很明显，这个双星系统现在不复存在了。20世纪初，美国天文学家亨利·诺里斯·罗素（Henry Norris Russell）说，一颗路过的恒星击中了这对双星，抛出了足够多的碎片，形成了行星。英国的雷蒙德·利特尔顿（Raymond Lyttelton）认为，这对双星被入侵的恒星撕裂了，落下了足够多的物质，形成了行星。弗雷德·霍伊尔（Fred Hoyle）认为，这对双星变成超新星，其物质脱落在了太阳附近。荷兰天文学家杰拉德·柯伊伯（Gerard Kuiper）认为，这对原双星实际上从未形成恒星，而是形成了行星。

英国天文学家詹姆斯·金斯（James Jeans）在20世纪20年代提出，一颗巨大的恒星在接近年轻的太阳时，产生了一根雪茄形状的“灯丝”，最终断裂，这些材料冷却并凝结成行星。行星的排列，其中最大的木星，在太阳系的中间，反映了纤维的形状。

拉斯泰尔·卡梅隆（Alastair Cameron）正在研究放射性同位素的分布，以及这如何揭示了太阳系的发展。1975年，他做了一个演讲，概述了太阳系的演化：从太阳的形成，到气体和尘埃云的坍塌，再到原行星盘的形成，再到气体和岩石行星的形成。卡梅隆利用萨夫罗诺夫的数据开发了计算机模型，反复计算得出了内行星的类似排列。它们展示了地球和其他岩石行星是由围绕太阳高速运动的大型原行星之间的一系列碰撞形成的。这个模型是当前理论的核心。

21世纪初的研究完善了这个模型，并增加了一些时间上的细节。现在人们认为星云圆盘上的尘埃和气体凝聚的时间为二三百万年前。

从圆盘到行星

到目前为止，我们只看到了相当模糊的关于行星由气体云和尘埃凝聚的说法。萨夫罗诺夫的研究很重要，因为在他写下自己的研究成果时，几乎没有关于行星形成的扎实研究。行

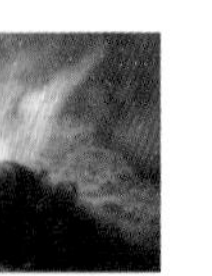

星形成大概有两种说法：一说是行星和太阳在同一时间由相同的物质形成，一说是它们分别形成，然后被太阳捕获。冷战期间，萨夫罗诺夫在苏联的一个资源不足的部门工作，他必然只能从理论上进行研究。与他同时代的美国人利用望远镜观察彗星和小行星，研究陨石的化学成分，试图解开地球和其他行星的构成之谜。

仅仅依靠数学，萨夫罗诺夫以行星从一个由尘埃、冰和气体组成的椭圆盘形成的前提开始，这些行星都以相同的方向围绕太阳运行。地球和其他岩态行星由小颗粒聚集而成，它们的联合引力会吸引越来越多的物质。团块越大，其引力就越大，所以会聚集更多的尘埃，并进一步扩大。一个更大的团块也会比一个小的团块遭遇更多的其他材料。它会粉碎一些粒子，或者把它们撞离轨道；另一些则会被拖向它自己。在研究粒子间碰撞的本质时，萨夫罗诺夫发现，快速碰撞会导致粒子团块相互弹跳，破坏它们的路径或分裂，而低能量碰撞会导致粒子团块黏合在一起。慢慢地，这些团块中的一些成长为星子，扫过在它们轨道上运动的物质。

2014 年的研究表明，岩质行星的内核在太阳系形成后的 10 万 ~30 万年开始形成。然后，在长达 5 000 万年的时间里，这些胚胎行星相

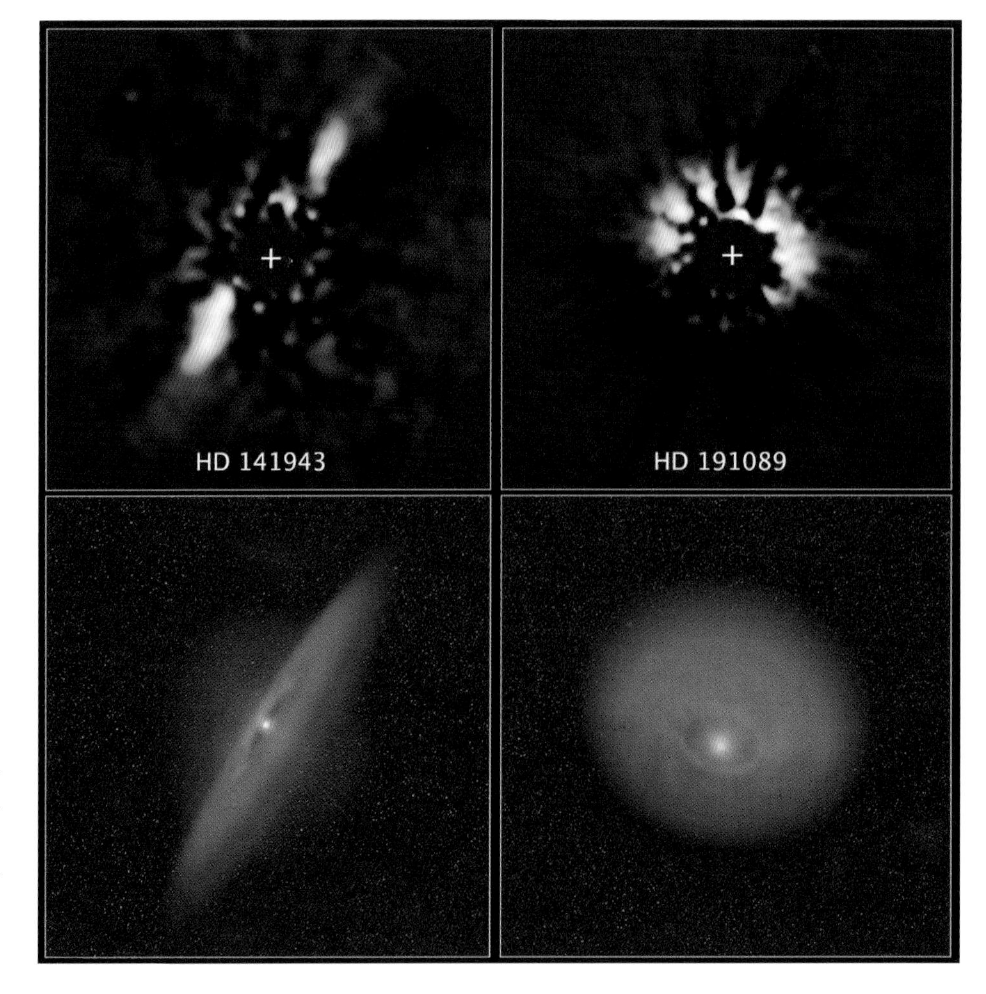

正在形成的恒星周围的尘埃盘，左方为边缘视角，右方为上下视角。上面的图像是哈勃太空望远镜拍摄的红外照片；下方是从照片中绘制的想象图。

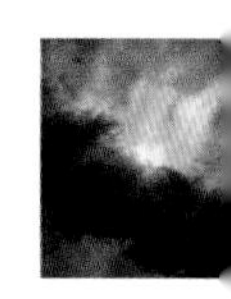

如何制造行星

第一阶段：尘埃从星云沉淀成一个圆盘	数千年
第二阶段：尘埃和气体形成的团块直径达 1 千米	<100 万年
第三阶段：高速增长，直径达 1 000 千米（621 英里）	几十万年
第四阶段：行星胚胎通过碰撞生长	1 000 万～5 000 万年

互碰撞，并重新组成现在的类地行星。我们无法确定地球是什么时候变成地球的，因为在地球形成的这一阶段，已经存在不同内部结构的行星胚胎，它们自己的核心，甚至是它们自己的大气层的各个部分被整合到了一起。从太空中吸积物质的过程一直在继续，虽然速度要慢得多，但一直在持续，直到今天。

1986 年，美国地球物理学家乔治·韦瑟里尔（George Weatherill）模拟了星子群形成行星的过程。21 世纪初，人们用放射性测年法对他推导出的时间标度进行了检验。这表明，地球的年龄到 1 100 万年时就可以达到其最终质量的 63%。另外，火星可能在不到 100 万年的时间里形成，通过吸积达到最终的大小。一些星子核可能在 50 万年内就形成了。

虽然科学家们为生长中的行星模拟了这一过程，创造了直径约 1 厘米（0.39 英寸）的虚拟尘埃聚集体，但他们还不能理解一个尘埃斑点是如何从这个大小增长到 1 千米（0.62 英里）直径的。

直到 20 世纪 80 年代，萨夫罗诺夫的假设才在西方被广泛接受。日本的京都模型对此做了进一步的研究，不过京都模型也花了很长时间才得到承认。京都模型由京都大学的天体物理学家团队开发，引入了气体对旋转的原行星圆盘的影响，即气体产生阻力并减慢粒子的速度。这个模型让科学家能够描述气体巨星的形成，而萨夫罗诺夫的模型却难以解释。

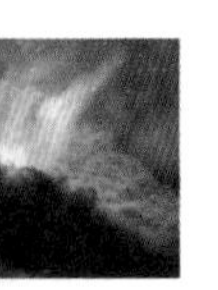

气体和岩石

行星的组成取决于它在原行星盘的何处形成。岩石行星在恒星附近形成，因为它们的组成物质在相对较高的温度下凝结成固体。大型气体行星是由更易挥发的物质组成的，这些物质只能凝结在比所谓的“霜冻线”或“雪线”更低的温度下。地球之所以靠近太阳，是因为它主要由非挥发性物质——硅酸盐岩石和铁组成。

一起成长

恒星和行星的形成可以同时发生。一颗新

这是艺术家对早期太阳系的想象图。太阳形成恒星，周围环绕着由行星、岩石、尘埃和气体组成的原行星盘。

彗星的冲突

法国博物学家和数学家布丰伯爵乔治－路易斯·勒克莱尔（Georges-Louis Leclerc）对太阳系的形成有一个新奇的解释。1749年，他提出，彗星撞向太阳，把大块碎块旋转着抛向太空；这些碎片随后以行星的形式独立。1796年，拉普拉斯证明了这个理论是不可行的，任何以这种方式形成的行星最终都会落入太阳。事实上，彗星太小了，即使它们一起发起猛烈的攻击，也不会对太阳产生任何影响。

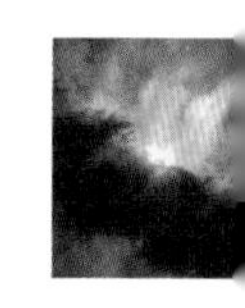

生的恒星从原始恒星发展为被称为T-金牛座星的类型时，它还没有开始核聚变，最终它会成为主序列上的一颗成熟的恒星。2010年，人们发现了一颗围绕T-金牛座恒星形成的行星，这说明行星可以在恒星还在形成的时候开始生长。对其他恒星周围尘埃盘的观察非常有助于理解地球和太阳系其他行星有待证实的形成原因。

地球的物质

太阳星云盘里包含着构成地球的一切物质。太阳系中与此同时形成的其他天体的成分可以告诉我们关于我们自己的星球——地球的一些原材料。在很长一段时间里，我们接触到这种物质的唯一途径就是陨石——从太空中坠落的大块的岩石或金属。不过，这在过去50年里发生了变化，现在我们可以直接从包括彗

这张年轻恒星的图片揭示了原行星盘的复杂结构和同心气体环。

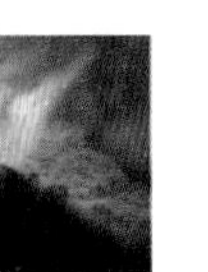

星和小行星的太空环境中收集物质。

行星的剩余物

陨石可以来自一个较大的天体（如月球或火星），也可以是与行星同时形成的大块小行星。这些小行星在过去的46亿年里一直围绕太阳运行，没有发生过变化。约86%的陨石属于一种被称为球粒陨石的类型。它们直接从太阳星云浓缩而来，因此代表了太阳系的原始物质。

球粒陨石都是由岩石和灰尘的颗粒组成的，但它们的成分不同，这反映了它们在太阳系里形成时的位置。那些离太阳最远的岩层富含含碳物质（如碳酸盐岩）、氧化物和水。那些形成时离太阳最近的行星铁含量很高（可能比水星轨道更近）。

指纹识别星尘

球粒陨石由镶嵌在尘埃中的微小球形颗粒组成，有些直径只有几微米（一米的百万分之一）。一小部分陨石球粒是前太阳颗粒——早于太阳存在的物质微粒，来自星际空间。一些在太阳活动之前的颗粒含有星尘，这种物质最初以蒸汽的形式来自恒星或超新星的爆炸，然后在太空中凝结。它们包括纳米级的钻石、石墨碎片和硅酸盐。至少在理论上，星尘颗粒可以追溯到某一颗特定的恒星。

层层之间

揭示地球形成物质的陨石从头到脚都是一样的。而地球的情况并非如此，它是分层的。在某一时刻，大量的星子集合变成了一个单一

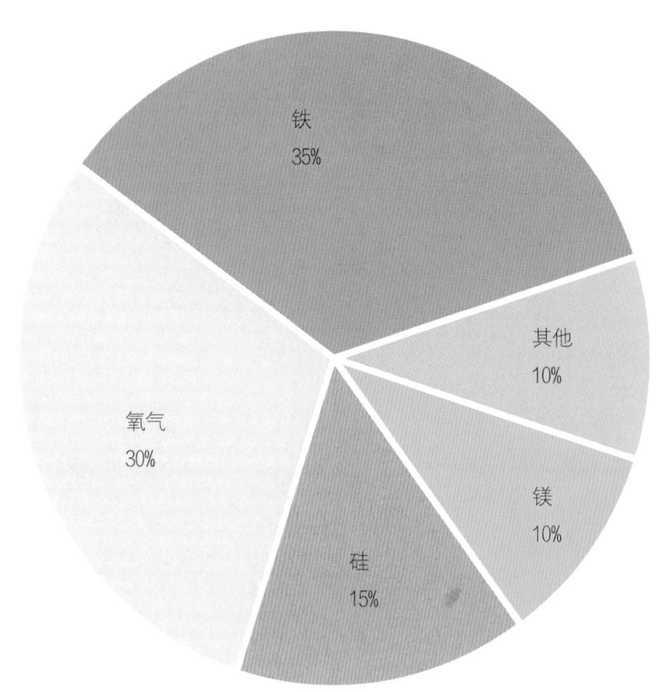

地球的近似化学成分，以质量计。

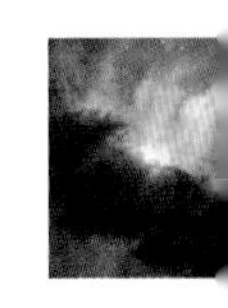

的天体并发生了分化。它形成的关键在于热量。

地球上最轻的部分是它的大气层，也就是地球上方的那层气体。我们居住的相对较薄的一层是坚硬的岩石地壳，它承载着大陆地块和海洋。在它下面是一层很厚的炽热的岩石，在这一层中，有些地方是半液态的，叫作地幔。地壳浮在上面。最重的部分是地核，它的成分是铁。铁核并不是首先形成的，而是在合并后从行星上已经存在的物质中积累而成的。对于地核与岩石的区别，地球科学家有两种有待证实的解释。

一种理论认为，随着地球的变大，地球中心的压力增加，温度升高。放射性衰变导致温度升高，而隐藏的大气层留住了热量，所以温度继续上升。当温度高到足以融化收集到的硅酸盐岩石和金属颗粒时，较重的金属材料被向内吸引，硅酸盐岩石将其包围。随着行星的冷却，它留下了金属内核和岩石外壳。

许多小行星和彗星，如图中的67P/Churyumov-Gerasimenko彗星，都是"碎石堆"，是在重力作用下聚集在一起的碎片的集合。与地球不同的是，它们还没有热到可以融化和重组为一个单一的固体块（独块巨石）。

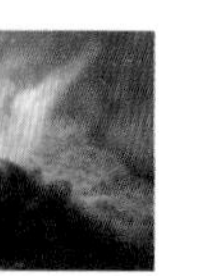

另一种理论认为，当温度稍低时，金属仍处于熔融状态，但岩石已经凝固，液态铁可以渗透到岩石中，并成为核心的一部分。

2013 年，温迪・毛（Wendy Mao）在美国斯坦福大学领导了一个实验，模拟早期地球的情况。她将硅酸盐岩石和铁的微小部分置于行星早期存在的压力和温度下：64 000 倍的大气压力和 3 303 开尔文，大约 3 576℃（6 469 ℉）。粒子的 X 射线层析成像显示，铁水形成了一个相互连接的网络。这可能会使铁水从早期地球条件适宜的地区渗透到地核中。

有可能这两种机制都在起作用，在地球完全熔化和开始凝固之后，形成了富含铁的地核。

创造月球

地球并不是独自在太空中旅行，它有一个伴星——我们的月球。人类一直都可以看到月球，甚至在史前时期，人们就在跟踪月球的运动，这一点我们可以从现存的文物和作为月历的纪念碑中看出。虽然一些文化中有关于月球和地球诞生的神话，但直到 19 世纪，关于月球和地球是如何形成的科学假说还很少或根本没有。

撇开月球是某个神创造出来的可能性不谈，关于月球是如何形成的有四种理论模型：地球的一部分脱离自身；地球和月球是同时形成的；地球捕获了一个未成形的月球；地球与

地球铁芯的形成是由熔融的铁通过硅酸盐岩石渗透而成。

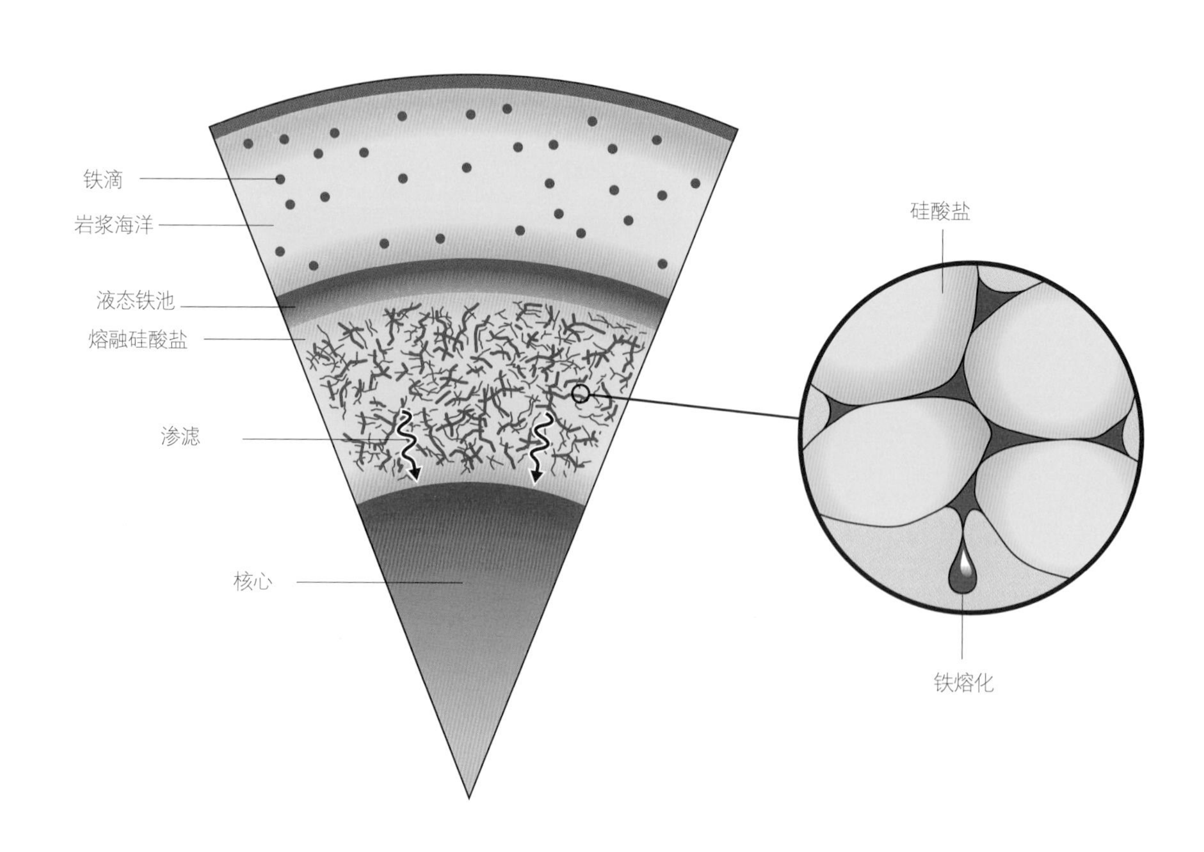

某物发生碰撞，月球由此形成。

第一种观点认为地球的一部分脱离地球形成了月球，这个观点是由英国著名的生物学家查尔斯·达尔文（Charles Darwin）之子乔治·达尔文（George Darwin）于1879年提出的，现在被称为裂变理论。乔治·达尔文认为，地球的自转速度比人们之前认为的要快得多，而太阳在赤道的引力加上离心力足以使地球向外膨胀。地球的一大块碎裂，继而形成了月球。太平洋很可能是这种破坏给地球留下的伤疤【这个想法是1889年由英国地质学家奥斯蒙德·费希尔（Osmond Fisher）提出的】。费希尔是一位有才华、有先见之明的地质学家，但他在这件事上却错了。

直到20世纪初，数学得到发展，乔治·达尔文的理论才得到了支持。1909年，莫尔顿的研究表明，当前的角动量将不足以支持剥离出一个月球。在1929年，詹姆斯·金斯证明早期的地球需要旋转得非常迅速才能甩出一个月球，使得每天将只有2小时39分钟长。即使经过数十亿年的时间，地球也很难从仅仅3个小时变成现在一天24小时的时间长度。20世纪60年代，人们把地球的早期自转周期固定在10～15小时——这对分裂说来讲太慢了。

直到20世纪中期，各个地质学家对这个模型的各个方面进行了调整，使其更加可行。在后来的版本中，月球逃离地球时的质量是目前的9~10倍，但由于太热，大部分蒸发了。另一种解释是假设地球周围有一团岩石碎片，其中的一些物质被星球再次捕获，而剩下的都逃出了地月系统。

一点一滴

第二个模型描述了月球和地球通过同样的方法同时形成——星云盘的吸积。然而，如果月球和地球在与太阳距离相同的地方同时发生吸积，我们可以预期它们会比实际情况更加相似。

第三个模型假设月球不是在绕地球的轨道上直接形成的，而是在太阳系的其他地方吸积而成的。它随后被地球轨道捕获。气态巨行星的许多卫星都是被捕获的，而不是在原地形成的——但它们比地球的卫星要小得多。

20世纪60年代，一切都变了。1959年，苏联飞船Luna 3号传回的月球背面的第一张照片显示，月球背面与地球背面有很大的不同。后来，阿波罗号登月带回了更多关于月球表面的数据，甚至带回了月球岩石和风化层（覆盖在月球表面的灰尘）的样本。最后，科学家们可以直接研究月球物质来确定其精确的组成。

大碰撞理论

新的信息带来了新的理论，或者更确切地说，是让旧理论复苏了。1946年，加拿大地质学家雷金纳德·戴利（Reginald Daly）试图解决达尔文的衍生模型存在的问题，他提出，这表明是一次撞击把地球的一大块撞碎了，然后就变成了月球。戴利的观点基本上被人们忽视，直到1974年，美国天文学家威廉·哈特曼（William Hartmann）和唐纳德·戴维斯（Donald Davies）将其作为一个更为复杂的设想的一部分时才被重新提出。

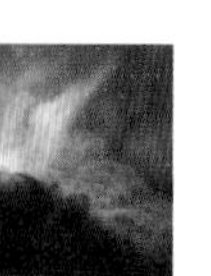

威廉·哈特曼和唐纳德·戴维斯认为，在太阳系附近形成了一颗火星大小的行星，其轨道与地球轨道交叉。当不可避免的碰撞发生时，其后果简直是惊天动地。这次撞击释放的能量是6 600万年前杀死非鸟类恐龙的小行星撞击所释放能量的1亿倍（见175页）。撞击物（现在命名为忒伊亚）和地幔的大部分一起蒸发了。这些物质混合在一起，有些落回地球，与地幔重新结合，有些在太空中凝固，形成一个碎片环，月球由此吸积而成。这就能解释为什么月球和地球有相似的成分，以及为什么月球有一个非常小的地核，因为地球的地核不会在碰撞中蒸发。忒伊亚这个名字来自希腊神话：忒伊亚是月球之神赛琳娜的母亲。

大碰撞假说并没有立即流行起来，但在1984年的一次会议上，人们在比较了各种可能的模型之后，对它的支持几乎达成了共识。阿拉斯泰尔·卡梅隆（Alastair Cameran）与哈特曼和戴维斯同时在研究一个巨大的撞击模型，并开发了一个切线撞击模型，即忒伊亚以一个角度撞击地球，为月球的形成创造了合适的条件。

然而，2016年的一项新研究表明，这是一次直接撞击。2019年，日本理化研究所计算科学中心的一个团队对其进行了进一步的改进，结果表明，如果地球仍然是炽热岩浆的海洋，而忒伊亚是固体，那么月球就主要是由来自地球的物质形成的。另外，如果地球已经是固体的，那么它主要是由忒伊亚形成的。由于月球的成分与地球非常接近，并且至少有一个小的

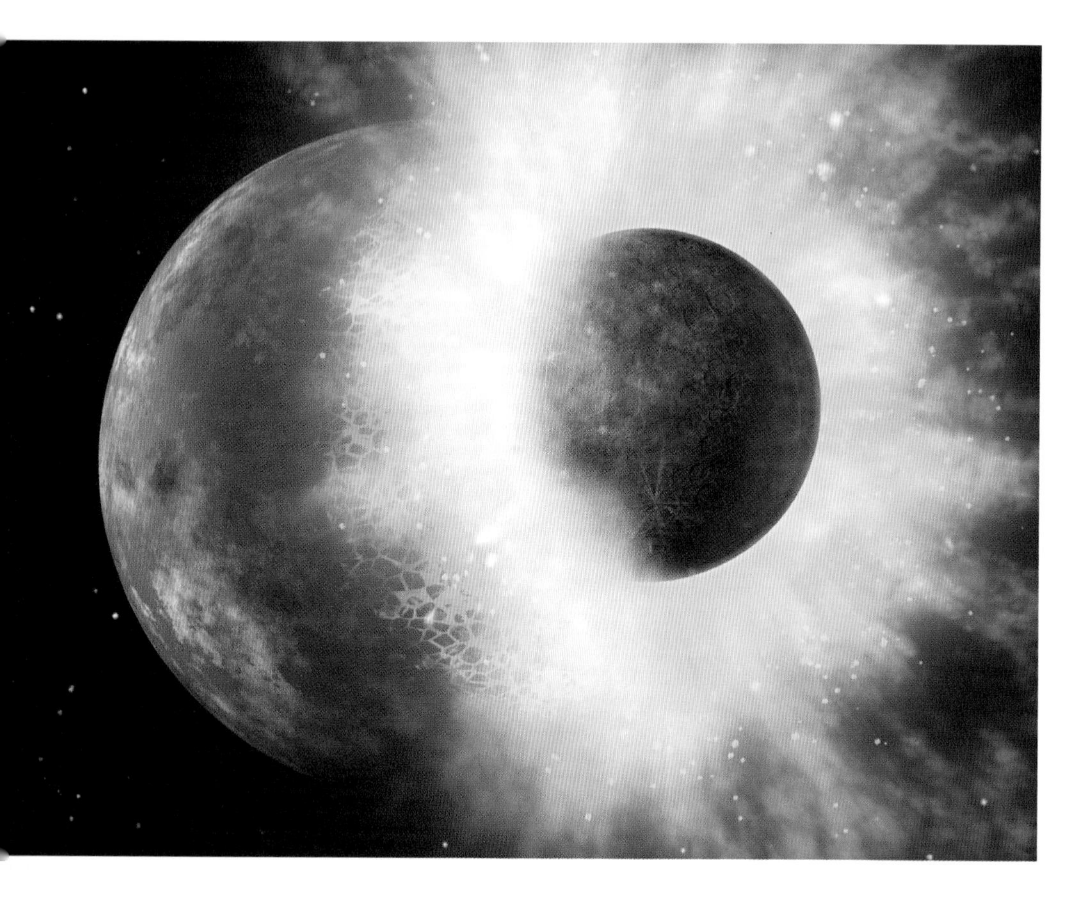

大碰撞假说解决了其他模型提出的大部分主要问题，包括解释了在月球岩石样本中发现的灾难性加热现象的证据。

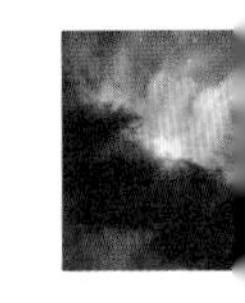

铁镍核，所以地球在被撞击时很可能还没有凝固。这次撞击发生在太阳系形成5 000万年后，那时地球可能还处于熔融状态。

新的日本模型认为月球由80%来自地球的物质和20%来自亚行星的物质组成，这一比例与早期模型给出的比例相反。在后来形成月球的岩浆球中，较重的物质会向内下沉，形成一个小的金属核，就像早期的地球那样。

地球的形成

大碰撞假说被大多数行星科学家接受。大约45亿年前，地球已经有了它的天然卫星，有了它要保留的物质组合（和一些陨石、小行星和彗星交换一些物质并混合在一起），这时地球已经开始分化，有了一个被岩石地幔包围的金属核心，并准备好变成一个完全成熟的星球。

新形成的月球比现在离地球近得多；它会在天空中显得很大。月球慢慢地向远处移动，并且仍在以每年约4厘米（1.6英寸）的速度移动。这个速度随着地球上陆地和海洋结构的变化而变化。

第二章

亘古之前

因此，这种物理探索的结果是，我们没有发现开始的痕迹，也没有发现结束的未来。

——詹姆斯·赫顿（James Hutton），地质学家，1788 年

地球的历史到底有多长？我们花了很长时间才有信心回答这个问题。多年来，人们试图根据《圣经》中的日期来计算地球的年龄。埃德蒙·哈雷（Edmund Halley）认为地球年龄的奥秘可能藏在海洋的盐度中。亚里士多德（Aristotle）认为地球一直存在并且是永恒存在的观点，后来得到了 19 世纪地质学家的支持。但直到 20 世纪的惊人发现，科学家们才开始认识到地球的精确年龄，进而也认识到整个太阳系的精确年龄。

岩石和地质事件的证据（如陨石撞击形成了这个陨石坑）已经揭示了地球的年龄。

宗教猜测

《圣经》提供了计算创世日期的数学方法。《创世纪》列出了一系列先祖的年龄，他们都被认为活到了将近 1 000 岁，从这些可以回溯基督诞生到假定的创世时刻。大约 1650 年，阿马大主教、爱尔兰大主教詹姆斯·厄舍尔（James Ussher）计算出，创世开始于公元前 4004 年 10 月 23 日下午 6 点。他声称时间本身是在前一天晚上开始的，在创世前的一个事件中出现。

厄舍尔并不是唯一一个试图这样计算的基督徒。英国本笃会修道士比德（Bede）计算出来是公元前 3952 年，科学家牛顿（Newton）推算出来的时间是公元前 4000 年，天文学家开普勒（Kepler）推算的时间是公元前 3992 年。但这并不是基督教独有的关注点：公元 2 世纪的犹太拉比圣人约瑟·本·哈拉夫塔（Jose ben Halafta）将创世日期定在公元前 3761 年。

过去的时间

虽然根据《圣经》计算出的年代在西方一时占主导地位，但在厄舍尔确定年代的 10 年内，科学发展出现的新方向把之前的计算比了下去。正如我们将看到的，地质学家开始意识到地貌和大陆是由缓慢的过程形成的，这种认识与世界只有几千年历史的认知不一致。

早期的思想家，包括古希腊哲学家亚里士多德（公元前 384—公元前 322 年）和文艺复兴时期的博学家列奥纳多·达·芬奇（Leonardo da Vinci，1452—1519 年），都怀疑地球已经很古老了，因为他们发现化石是古代动物的遗骸，这些古代动物通常是不再存在的动物类型。但他们没有试图计算这颗行星的年龄，也没有办法计算。相反，在公元前 1 世纪，罗马诗人卢克莱修（Lucretius）认为地球一定是最近形成的，因为没有特洛伊战争之前的历史记录。

尼古拉斯·斯滕诺在成为主教之前，既是一位解剖学家，也是一位地质学家。

科学的方法

17 世纪 60 年代，丹麦科学家尼尔斯·斯滕森（Niels Steensen，通常被称为尼古拉斯·斯滕诺）提出了一个假说，即岩石是分层沉积的，最古老的在底部（见 77 页），

这为地质学奠定了基础。斯滕诺没有试图确定岩石层的年代，但让人开始怀疑地球是以当前的状态被完整地创造出来，并且在几天之内连同其他部分由神一同创造完成的说法。斯滕诺并不想挑战《圣经》，他很高兴地假设这些化石岩石是在诺亚的洪水期间形成的。1667 年他放弃了科学，后来成为一名主教。

咸海和岩石层

1715 年，天文学家埃德蒙·哈雷试图利用海水的盐度来计算地球形成以来已经过去了多少时间。哈雷注意到，河流是由有时从地下涌出的小溪注入大海的，这些小溪把岩石中溶解的矿物质带到了海洋中。他认为，如果海洋一开始的盐度为零（这不是一个有效的假设），并在其存在期间以稳定的速度变咸（另一个无效的假设），就有可能计算出地球的年龄——但前提是他知道盐的积累速度（可惜他不知道）。

俄国博学多才的米哈伊尔·罗蒙诺索夫（Mikhail Lomonosov，1711—1765 年）可能是第一个尝试用科学追溯地球形成日期的人。罗蒙诺索夫在他的《论地球的地层》（1763 年）中做了一些惊人的发现和预测——他发现了金星的大气层，解释了冰山的形成，但他关于行星年龄的研究并不是他最伟大的成就。他认为地球是在宇宙其他部分公认的日期之前的几十万年创造出来的。

法国博物学家和数学家布丰伯爵勒克莱尔（1707—1788 年）试图用实验的方法计算地球

今天形成冰山的冰，往往是数万年前落下的雪。

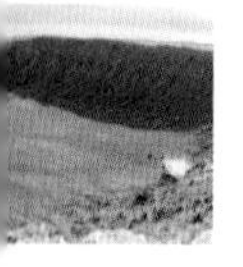

的年龄。他做了一个成分（依照他所知）和地球相似的小球，并测量了它冷却的速度。他认为行星的形成都是由一次灾难性的彗星撞击太阳所产生的物质形成的。作为太阳的一部分，地球开始时很热，然后慢慢冷却。最终，熔化的岩石凝固成坚硬的表面，水凝结下来，形成海洋。根据他的测量，勒克莱尔估计地球的年龄在 7 万年左右。

乔治–路易斯•勒克莱尔是18世纪最重要的自然历史学家。

然而，由于勒克莱尔既不知道地球的起始温度，也不知道地球在太空中冷却的速度（而不是在法国的室温里的冷却速度），他的尝试注定要失败。但他至少在一开始就确信，不能相信从《圣经》中得来的地球物理历史。

虽然勒克莱尔所估计的地球年龄为 7 万年是《圣经》中所显示的地球年龄的 10 倍，但

到19世纪中期，地质学家们就在争论存在一个更古老的地球。通过观察岩层和其中包含的化石，一些科学家认为地球可追溯的年龄是无穷的。1838年，苏格兰地质学家查尔斯·莱尔（Charles Lyell）宣布地球的年龄“无限”。

1876年，地质学家托马斯·梅拉德·里德（Thomas Mellard Reade）重新提出了追踪海洋中溶解矿物质的想法，他计算出硫酸钙和硫酸镁需要2 500万年才能达到目前的水平。他将这一过程称为“化学剥蚀”，即水流经过岩石时，岩石中的矿物质被剥蚀掉，海洋因此变得更加丰富。其他人重复了他的计算，得出了类似的答案。1899年，爱尔兰物理学家和地质学家约翰·乔利（John Joly）提出了9 940万年的精确年龄，不过他后来将其修正为更大的范围，变成8 000万年 ~ 1.5亿年。1910年，美国地质学家乔治·贝克尔（George Becker）使用盐钟法计算出了5 000万年至7 000万年的地球年龄。当然，这种方法行不通。它不仅假设了一个从零开始的稳定的积累速率，而且任何进入海洋的东西都保持在海中。海水中的矿物质再次通过岩石循环，所以盐度不会随着时间的推移而稳定增加，而是基本保持不变。

地质学家使用的另一种方法是从沉积岩形成的速度来计算。由于岩石是分层形成的，知道岩石的形成速度和厚度应该可以确定岩石的年龄。在19世纪晚期，地质学家首先研究了沉积的速度，然后将其应用于最厚的岩石沉积，计算出7 500万年到1亿年的年龄。即使这种方法对某块岩石有效，它也无法用于计算整个星球的年龄。而且沉积作用并不是在数百万年或数十亿年内以稳定、规律的速度发生的，各种地质活动都会破坏岩石层，使岩石破碎。

加入生命元素

从18世纪晚期开始，另一组科学家加入了关于地球年龄的讨论。生物学家开始接受生物会变化，有些生物会在很长一段时间内灭绝的事实。很明显，生物体中难以察觉的变化需要很长时间才能形成重大的发展。人们意识到，生物在几百年甚至几千年的时间里并没有明显的变化，所以19世纪中叶发现的一些已经灭绝的生物化石标志着非常漫长的时间尺度。

在美国犹他州的国会礁单斜岩中，数百万年的岩层清晰可见。

物理学也起了作用

当地质学家和生物学家在稳步延长他们认为地球达到目前状态所需的时间时，另一个科学分支持截然不同的观点。物理学家们开始提出有关材料和热力学的观点，这是一种全新的方法。

1862 年，威廉·汤姆森（William Thomson，后来的开尔文勋爵）发表了他的研究结果：地球的年龄在 2 000 万年到 4 亿年之间。这一数字是他根据法国数学家和物理学家约瑟夫·傅立叶（Joseph Fourier）在研究中所开发的方程式计算出来的。在 19 世纪 20 年代为分析热流奠定了基础的傅立叶认为，地球最初是热的，现在正在冷却。汤姆森方程式根据三个数字计算出地球的年龄：地球熔岩的假定原始温度，地热梯度（从地表测量的温度随深度增加而增加的速度），以及加热的硅酸盐岩失去热量的速度。起初，没有地热梯度的数字，但到了 1863 年，世界上有几个地方已经进行了测量。汤普森利用他的方程式，得出了第二种估计年龄——9 600 万年。但他公布的结果范围更广，因为他已考虑到地热梯度和地球岩石导热性的不确定性和变化。

开尔文勋爵（他现在已经是了）进行了第二次计算，这一次是为了计算出太阳可能的寿命——因为很明显，地球不可能比太阳更老。当时，人们认为太阳辐射出的能量来自其形成过程中累积的重力势能。事实上，我们看到太阳的能量是由核裂变提供的，但这个过程在当时是人们做梦也想不到的。开尔文计算了吸积过程中可以储存的能量，并计算出能量维持

开尔文勋爵被认为是他那个时代最伟大的物理学家——他不习惯犯错。

> *物理学家们一直贪得无厌，冷酷无情。就像李尔的女儿们一样冷酷无情，他们连续削减了他们算出来的年份，直到其中一些已经使这个数字减少到不足一千万。*
>
> *——阿奇博尔德·格尔基（Archibald Gerkie），地质学家，1895 年*

太阳不超过 1 亿年。这与他给出的 9 600 万年的数字吻合得很好，不过令人纠结的是，这确实让人意识到还有 400 万年地球就要灭亡了。

如同从“时间银行里粗鲁地开出汇票”

地质学家不愿意看到地球的寿命受到物理学的限制；开尔文认为物理学家们的方法是非常不科学的，他相信数字和物理定律。如果他选择了正确的定律，这本来是件好事，但不幸的是，当时的人并不知道这些定律，而且他是在错误的前提下工作的。

然而，开尔文的计算吸引了地质学家的注意力，用美国地质学家托马斯·张伯伦的话来说，开尔文的计算如同从“时间银行里粗鲁地开出汇票”。在听过阿奇博尔德·格尔基谈论苏格兰的地貌后，开尔文与英国地质学家安德鲁·拉姆齐(Andrew Ramsay)进行了如下的谈话:

“我说……你不会认为地质历史已经过了 10 亿年吧？”

“我当然觉得。”

“100 亿年呢？”

“对。”

“太阳是有限的天体。你可以知道它有多少吨。你认为它已经照耀了一万亿年了吗？”

拉姆齐说：

“我无法估计和理解你们物理学家限制地质时间的原因，就像你们无法理解我们无限估计的地质原因一样。”

地质学家最终确定从地球的形成开始以来已经过去了一个非常长的，而不是无限长的时期。

热岩

1895 年，开尔文的前助手约翰·佩里（John Perry）指出，开尔文的年代测定依据的是近地表岩石的热导率，但可能不能反映更深层岩石的热导率。如果地球深处的岩石比地表的岩石热导率高，那么地球内部也会冷却，并提供大量的能量。这将导致地表热流的持续时间更长。这意味着地球可能比开尔文计算的要古老得多。

佩里认识到，岩石的热导率在更高的温度下会增加一点，但更重要的是，地球的成分会随着压力的变化而变化。地球内部传热的效果

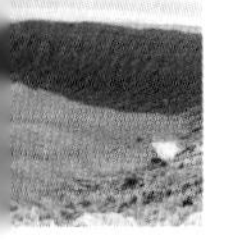

中国张家界国家公园的石英砂岩柱子。像这样的结晶硅酸盐岩石具有较高的热导率。

比地面好。佩里计算出，如果地球内部具有完美的热导率，那么地球可能已经存续20亿年了；由于不完美的热导率，地球可能要老得多。因此，地质学家可能是正确的，而开尔文的计算是错误的。

光与影

还好，另一种测定年代的方法即将被发现。这个惊人的发现是，岩石中的原子以一种严格可预测的模式，以绝对稳定的速度，随着时间的推移而衰变。

1896年，法国化学家亨利·贝克勒尔（Henri Becquerel）发现了放射性。在对荧光、磷光和X射线是否相同或相关的现象进行测试时，他把硫酸铀酰钾的天然磷光晶体暴露在阳光下，然后把它们放在感光板上。他预计它们会从阳

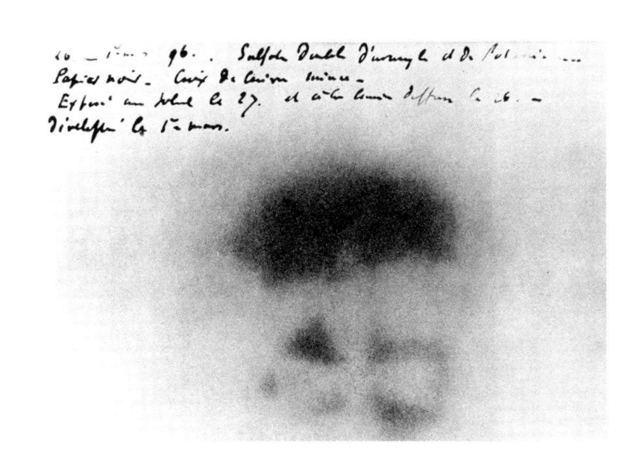

被废弃的磷光实验导致贝克勒尔偶然发现了放射性。

光中吸收一些东西，并以X射线的形式重新发射出来，因此在板上做了标记。他成功地冲洗出了一些模糊的晶体图像，因此决定进一步研究。他计划了一个新的实验，但当时是阴天，所以他把他的水晶包裹在一块深色的布里，把它们和他的照相底片以及一个金属十字架一起放在一个抽屉里。几天后，当他取回他的设备时，他惊讶地发现尽管他没有将晶体暴露在阳光下，但照相底片上仍然有十字架的图像。波兰化学家玛丽·居里（Marie Curie）为贝克勒尔发现的现象创造了“放射性”一词。

1899年，新西兰出生的物理学家欧内斯特·卢瑟福（Ernest Rutherford）发现了三种不同类型的放射性，现在被称为α射线、β射线和γ射线。1903年，卢瑟福和英国化学家弗雷德里克·索迪（Frederick Soddy）宣布，放射性元素可以预测地以稳定的速度分解成其他元素。这是令人震惊的：自从炼金术士时代以来，没有人认为元素可以分解、制造或改变。

辐射在地质学上的应用很早就出现了。1905年，卢瑟福提出可以用放射性衰变来测定岩石的年代。1907年，他定义了“半衰期”，即放射性元素的原子核有半数发生衰变时所需要的时间。对于同一种放射性元素的所有样品，这个周期是相同的。放射性物质的半衰期从几

半衰期有长有短

铋－209	19 000 000 000 000 000 000年
铀－238	45亿年
铅－210	22.2年
镭－223	11.43天
铀－240	14.1小时
钫－223	22分钟
碳－15	2.45秒
碳－8	0.000 000 000 000 000 000 002秒

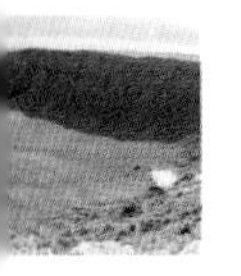

分之一秒到数十亿年不等（见上页方框）。巧合的是，铀-238的半衰期和地球的年龄差不多，所以早期存在于地球上的铀-238的量现在只剩下一半。

地壳的年份

美国放射化学家伯特伦·伯特伍德（Bertram Boltwood）发现铅总是存在于铀和钍的矿石中，并得出结论说，铅一定是由这些元素的放射性衰变产生的。1907年，他发现较古老的含铀岩石中含有更多的铅，并发现可以利用铀与铅的比率来计算它们的年龄。他知道铀衰变的速率（它的半衰期），这样就可以从铅和铀的比例中推断出铀形成的时间。他找到了一种计算地壳最小年龄的新方法。他的计算结果是22亿年。这样一来，地球就比开尔文的结论要古老得多，而且由于这个方法是基于对岩石本身的分析，所以似乎是无可争议的。

衰变链

在自然界中发现的三条衰变链对地质学家很有用，因为它们使我们能够测量岩石的年龄。这些链条是：铀-238（半衰期45亿年）衰变为铅-206需经过18个阶段；铀-235（半衰期7亿年）衰变为铅-207需经过15个阶段；钍-232（半衰期140亿年）衰变为铅-208需经过10个阶段。

含铀岩石主要有两种类型：黑色页岩和磷质岩。在英国的康沃尔海岸，泥岩和黑色页岩的裂缝层在低潮时暴露出来。

最终倒计时

放射性年代测定法突然让地球比地质学家想象的要古老得多。阿瑟·霍尔姆斯（Arthur Holmes）发明了铀铅放射性测年法。1913 年，人们用这种方法测得最古老的岩石估计有 16 亿年的历史（不过对地球本身来说不是这样）。霍尔姆斯挖苦说，“就在几年前，地质学家还对自己在时间上的限制感到不满；今天，他们面临着令人尴尬的时间过剩”。1927 年，霍尔姆斯对 30 亿年的岩石进行了新的放射性测定，这比当时认为的宇宙还要古老（大约 18 亿年）。

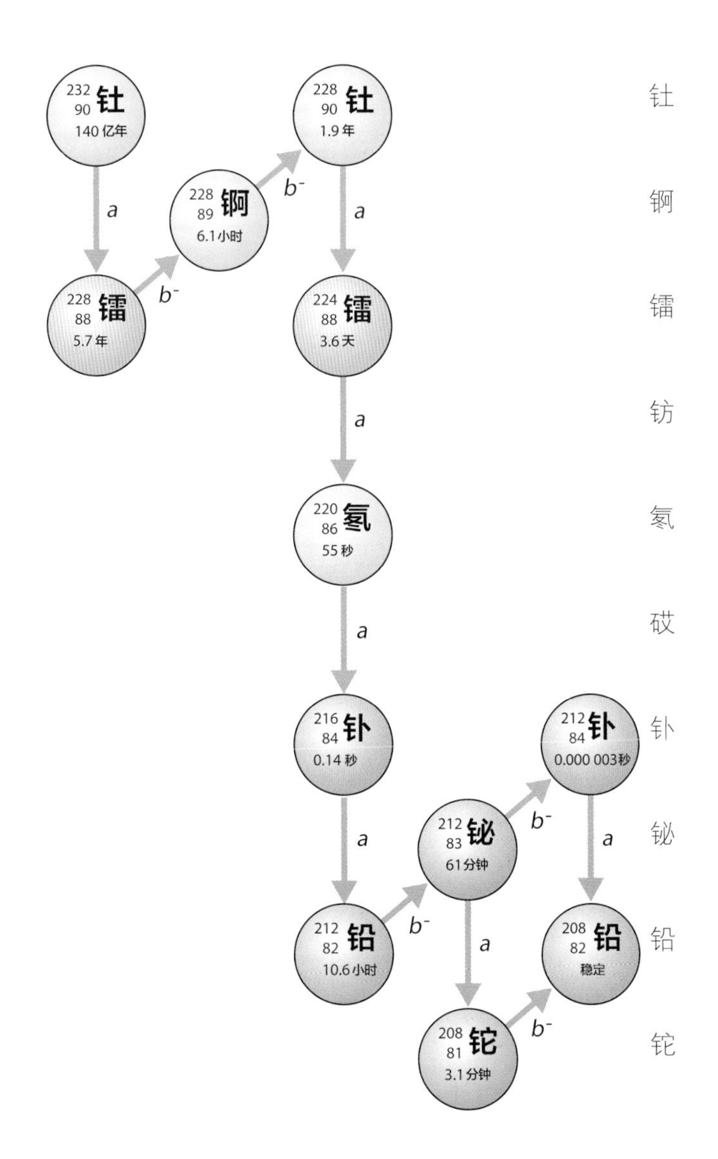

钍 -232 的半衰期很长，但是链上其他所有的化学元素的半衰期都很短，最长的是镭 -228（5.7 年）。因此，钍与铅的比率足以说明时间过去了多久。如果一个样品含有 87.5% 的钍和 12.5% 的铅，那么自岩石形成以来已经过去了大约 35 亿年：一半会在 140 亿年里衰变，四分之一在 70 亿年里衰变，八分之一（12.5%）在 35 亿年里衰变。

寒冷的早期地球？

除了开尔文的地热 – 冷却模型岩石，放射性的发现为地热提供了一种可能的解释。另一种模式是，岩石在太空中堆积，在地球上聚集成一个冷块，在几亿年甚至数十亿年之后，当放射性热源积累足够多时，才会融化。20 世纪 50 年代，哈罗德·尤里（Harold Urey）提出，这可能会产生富含氢、甲烷和氨的大气，并允许合成对生命至关重要的复杂有机分子。然而，在吸积碰撞所涉及的热量变得无可辩驳之后，这个理论就不受欢迎了。地球一开始就很热，它不需要等待升温。

最后，在1953年，美国地质学家克莱尔·卡梅隆·帕特森（Clair Cameron Patterson）测量了迪亚波罗峡谷陨石中的铅同位素，得出地球的年龄为45.3亿～45.8亿年。进一步对陨石和阿波罗登陆所获得的月球岩石进行放射测定，得出地球的年龄为45.4亿年，整个太阳系的年龄为46亿年。

时间分段

45.4亿年这一庞大的时间尺度使得我们很难确定地质年代事件的日期。因此，地质学家发展了一套年代测定系统，用它来按顺序命名时间段。

即使事件的确切日期未知或发生变化，相对顺序仍然有效和有用。

随着放射性测年方法的出现，确定地球历史时期的近似日期已经成为可能，而且这些日期也随着方法的改进而改变。例如，现在认为寒武纪开始于5.41亿年前，但之前设定在5.42亿年（2009年）、5.43亿年（1999年）和5.70亿年（1983年）。

地质时代现在被国际地层学委员会（ICS，

宙	时代	期		
显生宙	新生代	第四纪		今天
		新第三纪		
		早第三纪		6 600万年
	中生代	白垩纪		
		侏罗纪		
		三叠纪		2.52亿年
	古生代	二叠纪		
		石炭纪	宾夕法尼亚石炭纪	
			密西西比石炭纪	
		泥盆纪		
		志留纪		
		奥陶纪		
		寒武纪		5.41亿年
原生宙	~	~		25亿年
太古宙	~	~		40亿年
冥古宙	~	~		45.4亿年
朝天宙	~	~		

更年轻

更古老

时间上宙的划分

由于缺乏实物证据，冥古宙在传统上还没有被细分。然而，在2010年，美国地质学家科林·戈德布拉特（Colin Goldblatt）提出将其划分为三个时代和六个时期。他还建议在冥古宙之前加一个新的宙，叫朝天宙。朝天宙覆盖了地球在原行星盘内形成的时间。这一新的划分将太阳系层面的事件与仅和地球进化有关的事件区分开来。

戈德布拉特提出冥古宙应该从月球的形成开始，在假设的后期重轰击结束的同时结束。他还建议将月球形成前的地球命名为泰勒斯（Tellus），以罗马的地球女神的名字命名。

International Commission on Stratigraphy）划分为4个阶段：冥古宙、太古宙、原生宙和显生宙。它们被细分为代（era）、纪（period）、世（epoch）、期（age）。

以冥王哈迪斯命名

第一个被命名的地质年代是冥古宙（Hadean），以希腊神话中的冥王哈迪斯的名字命名，是想说明当时普遍存在的地狱般的环境。冥古宙从地球和月球形成开始一直延伸到40亿年前。在这一时期，地球生成了坚硬的、冷却的地壳，形成了海洋和大气，并让一些最早的岩石斑点留存了下来。

继冥古宙之后，太古宙跨越了40亿至25亿年前的时期，从地球有了稳定的固体表面开始，到大气开始含氧的时候结束。

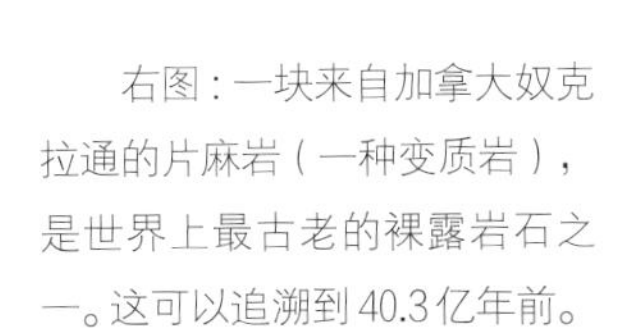

右图：一块来自加拿大奴克拉通的片麻岩（一种变质岩），是世界上最古老的裸露岩石之一。这可以追溯到40.3亿年前。

左图：一张地质图，可以追溯到地球的起源，并显示出时间的划分，分为宙、代和纪。

黯淡太阳悖论
（THE FAINT YOUNG SUN PARADOX）

在地球最初的十亿年里，太阳比现在小 15%，产生的热量也更少。其结果应该是，地球太冷了，液体海洋不可能存在。然而，我们知道地球不是冰冻的，而是要比现在温暖的。从地球内部流向地表的热量，混合了吸积产生的余热和放射性衰变产生的热量，大约是目前速度的 3 倍。但是地球内部的热量只提供了地球热量的一小部分，大部分的地球热量来自太阳辐射。

可能的解释是，地球上有一层温室气体，可能是二氧化碳和甲烷，这些气体将热量困在地表附近。这些气体可能是由火山活动或小行星撞击地球产生的，或者两者兼而有之。温室效应将使地球保持足够温暖，从而有液态水并孕育生命。

最古老的暴露岩层可以追溯到太古宙时，只有一些微小的颗粒被认为属于冥古宙。地球上的第一批大陆也被认为是在太古宙时以这些岩石岛屿为中心形成的（见 53 页）。生命可能开始于太古宙，甚至开始于冥古宙末期（见 118 页）。

生机勃勃的星球

原生宙的时间跨度从 25 亿到 5.41 亿年前。在此期间，由于构造活动，地球大陆多次形成、分裂和重组（见 93 ~ 96 页）。海洋中的生命变得丰富多彩，但仍然局限于陆地上的原始藻类和其他微生物。生命在气候和大气的极端变化中幸存了下来——但

怪诞虫（Hallucigenia）因其怪异的外表而得名，是一种背部布满尖刺的天鹅绒蠕虫（velvet worm）。大约 25 毫米（1 英寸）长，5 亿多年前它在海床上爬行生活。

也仅是刚好活下来而已。原生代（属冥古宙）开始于氧气首次大量出现于大气层的时候。在原生宙末期的震旦纪（Ediacaran，6.35亿~5.41亿年），多细胞软体生物的进化留下了第一批明显的化石。

显生宙是从5.41亿年前到现在。意料之中的是我们可以在显生宙上计算出最精确的绝对日期。在这段时间里，生命散布在陆地上，有时在地球的所有区域都存在，并在进化成复杂的高级形式的同时，也保持了微生物的多样性。

在18世纪晚期，地质学家开始把地球上的岩石划分为理论上的时期。他们将这些时期命名为原始纪（Primary）、第二纪（Secondary）、第三纪（Tertiary）和第四纪（Quaternary）（最近的）。他们的模型基于叠加原理，最古老的岩石在最底层——斯滕诺做了解释（见77页）。虽然其他名称已经不再使用，但现在仍然被称为第四纪。

从19世纪早期，英国地质学家威廉·史密斯（William Smith）和法国地质学家乔治·居

威廉·史密斯绘制的牛津郡地质图是他绘制英格兰、威尔士和苏格兰彩色地质图的伟大事业的一部分。

名称的含义

英国地质学家亚当·塞奇威克（Adam Sedgwick）和罗德里克·默奇森（Roderick Murchison）于 19 世纪中期开始对地质年代进行系统分类。在每一个时代里，每个时期都以发现独特岩层的地点或发现的岩石类型来命名。因此，“寒武纪”一词来源于罗马人对威尔士的称呼“Cambria”，而“白垩纪”一词来源于拉丁文“creta”，意思是白垩。“志留纪”来自一个古老的威尔士部落——志留人。

寒武纪和志留纪的命名导致塞奇威克和默奇森不欢而散。他们一直在一起研究威尔士的地质学，塞奇威克定义寒武纪，默奇森定义志留纪（后来的）。默奇森广泛地使用化石来定义他所发现的时代，而塞奇威克却没有。虽然使用不同的方法，但他们的定义却有一些重叠。默奇森起初声称下志留纪的一部分实际上是寒武纪的一部分，后来又修正了这一论断，声称整个志留纪都是寒武纪的一部分。这是一个显著的区别，因为志留纪化石是当时已知的最早的化石，而且两人都希望把地球上的生命起源（按照他们的看法）作为自己命名的时期。1879 年，塞奇威克的同事查尔斯·拉普沃斯（Charles Lapworth）终于解决了这个问题，他提议将有争议的下志留纪和上寒武纪单独命名为奥陶纪。

维叶（Georges Cuvier）认识到，岩层可以通过它们所含的化石来识别和确定其相对年代（见第七章）。如果在世界任何地方的某一特定地层中发现了某一化石，则该化石可确定该地层的年代，并可用于评估其上下地层的相对年龄。

1841 年，英国地质学家约翰·菲利普斯（John Phillips）发表了第一个地质年代表，根据岩石中发现的化石类型对岩层进行排序。他将古生代（“古代生命”）和新生代（“近代生命”）之间的时代称为“中生代”（意思是“中间生命”）。

这都是相对而言的

叠加原理（新岩层覆盖旧岩层）表明了一个岩层或化石如何比另一个岩层或化石更古老，但它并没有给出确切的日期。威廉·史密斯和他的朋友约瑟夫·汤森德（Joseph Townsend）以及本杰明·理查森（Benjamin Richardson）注意到一个地层的植物化石和下一个地层的贝壳化石之间的岩层有明显的变化，这说明植物是最先出现的，但不能完全确定它们的年代。这一变化，现在被认为是石炭纪和二叠纪的分界线，可以精确地追溯到 2.989 亿年前。石炭纪有树木化石，是煤沉积的年代，而在二叠纪发现了第一批大型陆地动物。

最初分配给不同时期的日期代表了很多猜测，但即使在今天，我们的最佳估计仍可能被未来的发展完善或推翻。侏罗纪时期曾被认为是从 1.48 亿年前延伸到 1.08 亿年前，但现在被固定在 2 亿年前至 1.48 亿年前。目前，二叠纪的结束时间被放在了 25 190.2 万年前——被精确到 1 000 年。有些事件的年代可以比其他事件更准确。二叠纪末期的标志是火山喷发和灭绝事件，它杀死了地球上的大部分生命，但这需要数年时间。白垩纪末期的标志是另一次大灭绝，但这次是由小行星撞击造成的。理论上说，这个事件可以被精确地定位到某个下午。

金钉子

国际地层学委员会是负责确定地质时间划分的国际机构。该委员会确定代表各时代最低（因此也是最古老）边界点的裸露岩石，称为全球边界地层断面和点（GSSP，Global Stratotype Section and Point）。它们用“金钉子”标记。世界各地的其他岩石可以根据这些标记进行校准。

意大利阿尔卑斯山拉丁期（Ladinian stage，中上三叠纪）GSSP 处的金钉子，边界位于石灰岩床的底部，该石灰岩床覆盖着明显的沟槽。

第三章

地球、空气和水

曾经是陆地的地方，我看到了深邃的海洋；现在是陆地的地方，曾经是深邃的海洋。

—— 乔治·桑蒂斯（George Sandys），《变形记》第十五卷（英译本），1632 年

在地球早期，地球是一个由炽热、半熔融的岩石和金属组成的旋转体。随着地球冷却、变硬，最终形成了固体外壳，里面有液态水的海洋。

在最初的 5 亿年左右，地球有了大气层、海洋和岩石表面——可能还有生命。

这是艺术家对太古宙景观的想象图，有活火山，叠层石在沿海浅水中形成，月球比现在离地球更近。

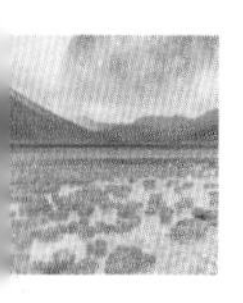

地球冷却时，大部分地区被海洋覆盖。形成的大陆块与现代大陆没有任何关系。

地球的大气层

在早期，地球是一个灼热和混乱的地方。传统上认为这种情况会持续数百万年，毫不减弱，地球被小行星和流星撞击，任何固态表面几乎刚形成时就重新熔化。第一个被正式承认的地质年代——冥古宙，是以古希腊神话中冥府之神哈迪斯的名字命名，反映了这幅画面。但是最近，这个关于5亿年地球动荡史的概念受到了质疑。一种新的模式正在出现，那就是一个固体的、凉爽的，甚至可能适合生命存在的地球，其存在的时间比我们想象的要早得多。

今天地球的大气层和它最初的大气层完全不同。大气层在过去经历了巨大的变化，包括被完全取代。20世纪40年代，美国地球化学家哈里森·布朗（Harrison Brown）认识到，地球有两个截然不同的大气层。第一个是直接从太阳星云（原始大气）捕获的；第二个是由地球本身的物质形成的（次级大气）。布朗是从一个不存在的东西中得出这个结论的。

消失的大气

1924年，英国化学家弗雷德里克·阿斯顿（Frederick Ashton）指出，与太阳星云的可能成分相比，地球大气层中的氖元素十分稀少（氖是一种惰性气体，与氦同属一类）。太阳含有大约相等比例的氖和氮，但地球的氮含量大约是氖的8 600倍。阿斯顿指出，所有惰性气体在地球大气中的含量都不足，并提出，正是它

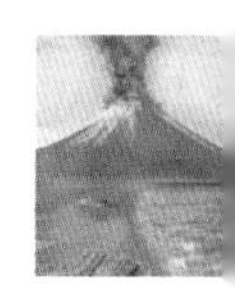

看来，在地球形成的过程中，这种机制阻止保留当时主要以气体状态存在的任何物质的相当一部分……

看来，地球的大气层几乎是次生的，它是在地球形成后的化学过程中形成的。

——哈里森·布朗，1949年

们的惰性导致了它们的稀少。他认为，由于惰性气体的原子无法附着在其他原子上，从而增加了它们的质量，使它们被弹回到它们来的地方：

“在从原子到更高质量物体的大量碰撞中，惰性气体中的原子不受不可逆转的化学组合的约束，自由地碰撞和无限反弹，必然会向质量大的物体靠拢，而放弃质量小的物体。按照这种观点，地球上的惰性气体部分已经被太阳吸收掉了，不过它们是否还留在那里没有改变，就不在问题的考虑范围之内了。”哈里森·布朗注意到了这一点，并开始研究行星的大气层。他从计算氖和硅（地球岩石中常见的元素）的比例开始，这样他就可以比较这两种元素在其他行星上的比例，而不会因为行星的大小而影响他的测量。他将地球上的氖与其他惰性气体——氩、氪和氙的数量进行了比较，发现虽然地球上大多数惰性气体的丰度约为宇宙其他地方的百万分之一，但它的氖却只有十亿分之一。布朗认识到，在这种情况下，氖的显著特征是，它是仅次于氦的最轻的惰性气体。他猜想一定有什么东西导致氖元素逃逸到太空中。他的结论是，带走氖的东西也会带走所有其他较轻的气体。

1949年，布朗提出，地球的原始大气层在成分上与太阳（主要是氢和氦）相似，它是从太阳星云中捕获到这些气体的，但在其历史早期就丢失了。氖和氢、氦一起从行星上消失了。虽然氖很容易被去除，但其他的活性气体和较重的原子仍有较大数量。气态巨行星比地球大得多，引力也大得多，所以可以保持其较轻的气体。

糟糕的计划

哈里森·布朗的想法并非都是正确的。1954年，他提出可以通过向大气中排放大量额外的二氧化碳来刺激农作物生长以解决世界饥饿问题。他认为燃烧至少5 000亿吨煤会使大气中的二氧化碳增加一倍。很明显，这不是一个很好的计划。

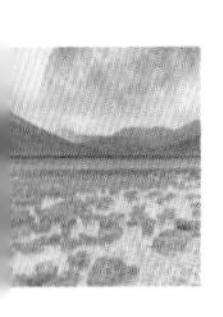

抓住大气层

事实证明，地球的第一个大气层对于地球发展的其他方面可能是必要的。1979 年，日本京都大学的林中四郎（Chushiro Hayashi）提出了地球如何获得这一至关重要的气体包裹层的问题。

任何大质量的物体都会把物质吸引过来。林中四郎证明了曾经的地球已经获得了目前质量的十分之一，即从周围的太阳星云中吸引了一层相当大的气体，其成分主要是氢，但也有少量的氦和其他气体，结果是随着地球质量的增加，由于大气层的覆盖作用，其表面温度也随之上升。当地球的质量达到现在的四分之一时，其表面温度将达到 1 500℃，热到足以融化其所有成分。这使得较重的金属向行星中心下沉。在完全形成的主大气层下，温度在 3 000 开尔文左右。

剥离

然而，这一阶段并没有持续太久。当太阳开始核裂变时，太阳辐射剥离了太阳的外层和太阳星云的残余物，将其带出太阳系。地球的

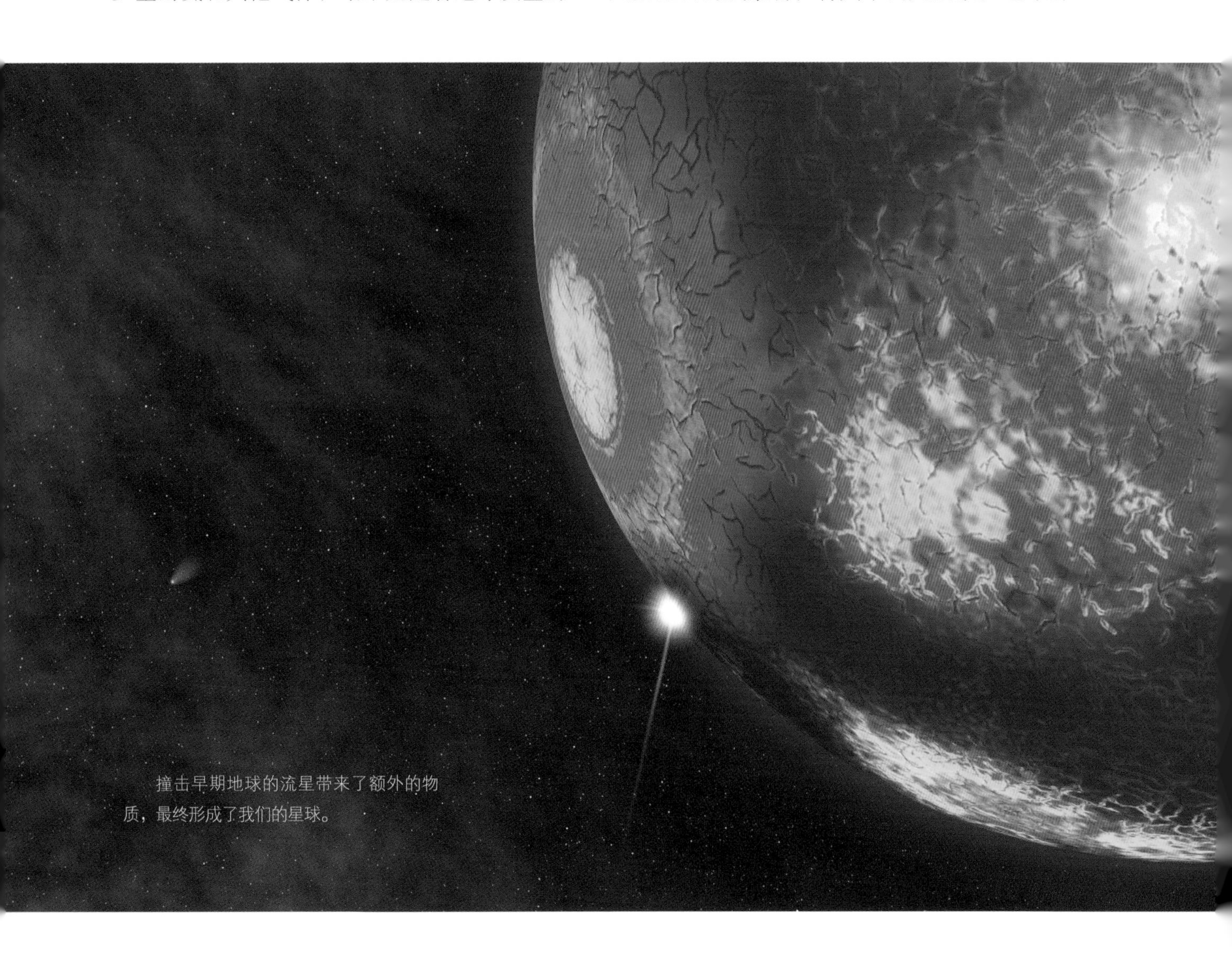

撞击早期地球的流星带来了额外的物质，最终形成了我们的星球。

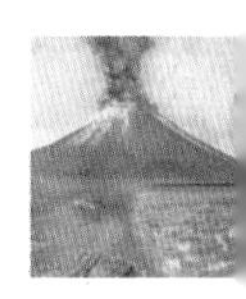

在太阳星云存在的阶段，原始地球几乎完全熔化，熔化的金属向中心沉积，形成了地球的核心。

——林中四郎，1979 年

大气层处于脆弱的位置。氢和氦非常轻，很容易消失在太空中，而且太阳辐射和风可能也带走了地球上的那部分气体。在林中四郎的模型中，地球在大约 1 亿年的时间里从外到内失去了第一个大气层。

但也有其他的可能性：一次重大的撞击可能会使温度上升到足以使氢和氦加速到逃逸速度，大气可能会在几小时内完全消失，NASA（编者注：美国国家航空航天局的简称）的凯文·扎恩勒（Kevin Zahnle）在 2006 年提出过这样的假设。然而，麻省理工学院（MIT, Massachusetts Institute of Technology）、希伯来大学（Hebrew University）和加州理工学院（Caltech）的科学家们在 2014 年提出，一次大规模的撞击产生的热量足以融化地球内部。目前地球的内部结构表明这并没有发生。相反，这些科学家认为，大约在月球形成的同时，小行星和流星数千次微小的撞击穿过了地球早期的大气层。这些小行星在撞击时汽化，强力喷射出挥发性物质，将撞击地点上方的大气推开并取而代之。

地球自身产生的大气

不过，第一个大气层并没有完全失去，因

热，快，脱离

气体的原子或分子在高温时比在低温时运动得更快，这种运动产生了热。在同等的能量下，较小的原子比大原子运动得快。要摆脱物体的引力，气体分子需要达到逃逸速度。在地球上，逃逸速度为每秒 11.3 千米（7 英里）。如果气体足够热，足够轻，其分子以超过 11.3 千米 / 秒的速度移动，它们就可以逃离地球。同样地，如果经过地球的气体分子的速度比这慢，它们就会被捕获并拖入地球大气层。在温度低于 2 000 开尔文时，分子质量小于 10 的气体可以逃逸，但那些分子质量高于 10 的将被俘获。

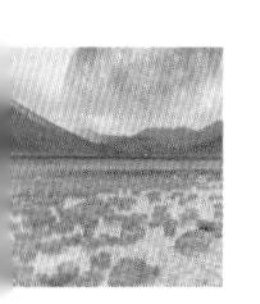

为地球积累了一个新的次级大气层。我们现在的大气是从这个原始版本发展而来的。大气的组成在超过 40 亿年的时间里发生了很大的变化，并随着地质和后来的生物变化而进化。

构成新大气层的物质已经在地球内部等待了。因为球粒陨石（非金属陨石）和更大的团块在太阳星云中旋转，挥发物附着在它们的表面。氢很容易形成挥发性化合物，如氨（与氮）、甲烷（与碳）和水（与氧）。当地球由一堆团块形成的时候，地球积累了挥发性物质，这些物质黏附在这些团块的外面。在吸积的早期阶段，在小粒子之间的低能量碰撞和相对较冷的条件下，进入的物质保留了它们的挥发物，因此挥发物被锁定在形成的星子中。后来，当胚胎期的地球变大时，一些撞击产生的更高的温度和更大的能量让挥发物立即释放出来，形成了原始大气。主要成分是冰的彗星的撞击总是会立即释放挥发物，因为冰会立即融化，并在地球更高的温度的作用下蒸发。

来自内部的大气

我们看到，年轻的地球由于吸积物的引力、

气体仍然从地表下的岩浆中逸出，在火山地带冒出气泡，比如冰岛的这个地热池。

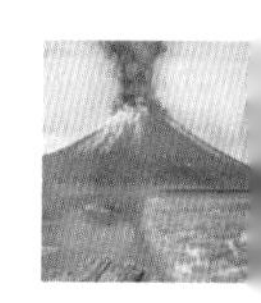

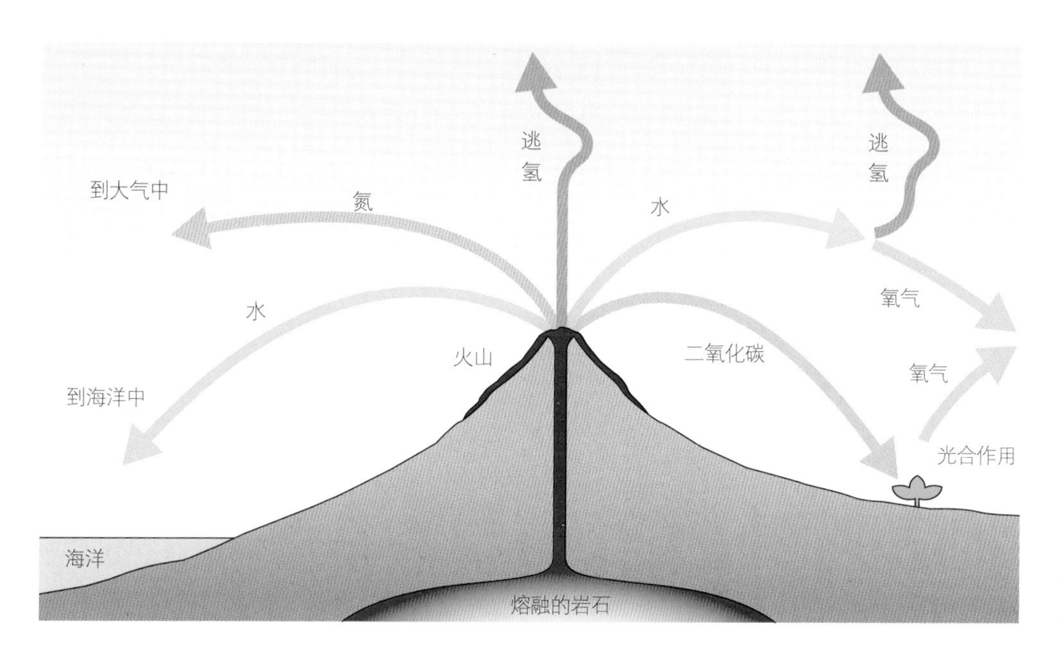

在地球早期的大气层中，气体通过火山活动从地球熔化的内部逸出。氢会逃逸到太空中，但碳、氮和氧不会。

放射性、撞击、隐藏的大气层和来自太阳的辐射而被加热。当温度高到足以融化岩石时，物质因为自身的质量穿过岩石，最重的金属向中心移动，最轻的气体向地表移动。锁定在正在形成的行星内的挥发物通过炽热的半熔化的岩石逸出，这个过程被称为气体逸出。它们通过岩浆或坚硬岩石的缝隙升到地表，逃离并形成了第二个大气层。和挥发物一样，气态元素也存在于硝酸盐、氧化物、硫化物等化合物中。地球内部的化学反应导致其中一些物质被释放，并以它们的方式到达地表。大部分大气是内部产生的水蒸气和二氧化碳（见上图）。

一直活跃

地球的大气层在不断变化，各种元素以不同的形式循环使用。例如，氢可以存在于氨（NH_3）、水（H_2O）、甲烷（CH_4）和作为氢分子（H_2）中，虽然氢分子足够轻，可以轻易地逃逸到太空中，但甲烷、水和氨的分子质量更大，所以在低温下不会逃逸。相反，它们会分解：强烈的紫外线辐射，比如来自太阳的紫外线，会将甲烷分解为碳和氢，把水分解为氧和氢，将氨转化为氮和氢，这个过程称为光解作用。

气态元素和其他元素一样，也在不断循环。元素被锁在“碳汇（sink）”中时，例如，碳被锁在碳酸盐岩石中时，它会被从系统中移走一段时间，大气的平衡就会改变。当一个新的源动力，如大规模的火山爆发将二氧化碳排放到大气中，平衡再次改变。我们现在的碳、氧和氮的循环和数十亿年前不一样，现在的生物在化学循环中扮演着重要的角色。

行星的比较

地球原始的大气层富含二氧化碳。我们付出了代价才发现，二氧化碳是一种强烈的温室

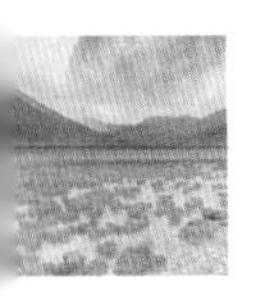

金星的表面被厚厚的大气层所掩盖，以至于我们无法看见它的“真面目”，大气将热量困在了金星表面附近。

气体。40 亿年前，二氧化碳将热量困在地表，使地球保持温暖；没有它，地球就会冻结。要看到这样的大气层所带来的区别，我们只需要比较一下我们在太空中的两个邻居——水星和金星。

水星是离太阳最近的行星，它的一面是热的，另一面是冷的，几乎没有大气层来阻挡热量和辐射，也没有大气层来捕捉地表附近的热量。水星自转缓慢，因此水星上的每个太阳日相当于 176 个地球日——每天有半天时间面对着灼热的恒星，可以使水星表面升温到 430℃（806 ℉[①]）。另外半天背对太阳，晚上的温度最低可降至 -180℃（-292 ℉）。虽然金星比水星离太阳更远，但它一直都很热，达到了 467℃（872 ℉），它的表面热得足以熔化铅。尽管金星上的一天相当于地球的 243 天，但昼夜温差很小。原因是金星厚厚的大气层主要由二氧化碳构成，它能将热量吸附在地表附近，并随着时间的推移使温度升高。同样的事情也发生在早期的地球上，只是程度较轻。地球有活跃的地表和水，这些是金星所没有的，这改变了地球的命运。

许多科学家认为，40 亿年前地球的早期大气与现在的金星大气非常相似：沉重、高压的二氧化碳大气，可能有硫酸云，导致表面温度达到 230℃。金星当时可能也有液态水，但它没有构造活动，所以失去了水，且温度上升。

锁定碳

当地球大气中富含二氧化碳时，二氧化碳

①编者注：℉，即华氏温度。

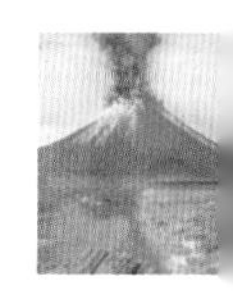

被大海拯救

最终，自工业革命以来人类排放到大气中的多余的二氧化碳将在海洋中溶解，并被封存在碳酸盐岩中。当碳酸盐岩到达海洋边缘的俯冲带时，它会被拉回地幔。这将需要数千年的时间，因为它依赖于海洋顶部的水与底部的水交换的缓慢过程。“海洋传送带”使水在地球周围、在地表和海底之间流动，这一个周期大约需要 1 000 年，所以这不是一个快速解决气候变化的办法。

很容易溶解在海洋中形成碳酸盐和重碳酸盐离子。离子与河流冲刷的化学风化岩石中的钙结合时，它们就形成了海床上的碳酸盐。钙来自地表岩石被雨水风化的过程。这是慢碳循环的一部分。从碳酸盐岩中提取的二氧化碳融入地球的地幔中，最终以火山气体的形式回到大气中。

当岩石俯冲（被拉入地幔）时，新的碳酸盐岩石形成了。深俯冲的碳酸盐岩将二氧化碳带入地幔，将其锁住很长一段时间。今天，碳

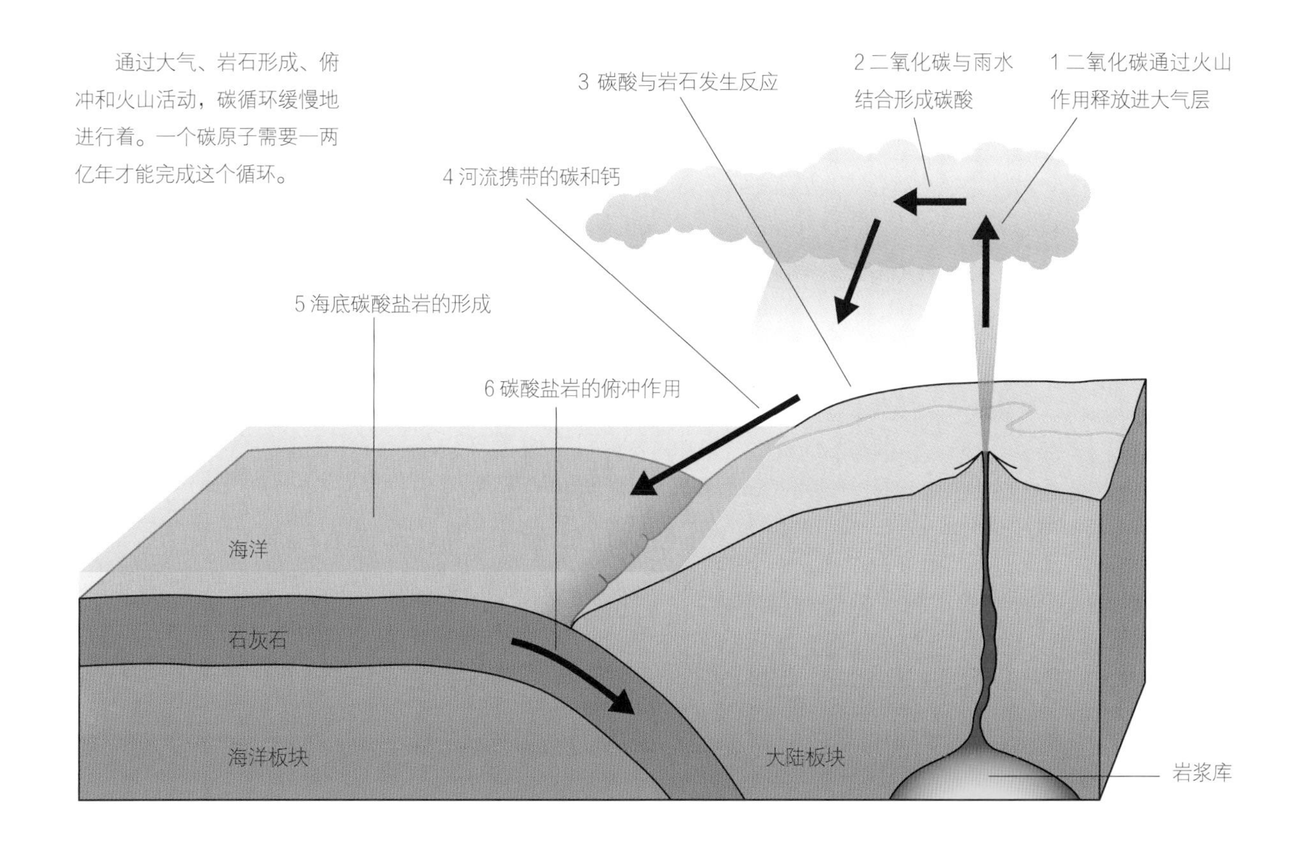

通过大气、岩石形成、俯冲和火山活动，碳循环缓慢地进行着。一个碳原子需要一两亿年才能完成这个循环。

希腊海神奥塞努斯（右）和他的配偶女神特提斯的罗马式地板马赛克。奥塞努斯是海洋的创始者和统治者。特提斯是雨云之母，他们的孩子是河流和溪水的神和仙女。这表明了2 500年前人们对循环水的一些理解。

酸盐岩在年轻的海洋地壳的顶部几百米处生成，但从大气中去除二氧化碳的主要方法是通过植物和藻类的光合作用。在它们进化之前，二氧化碳只是在地质上被循环利用。在这一过程中，地球早期大量的二氧化碳可能在1亿年内被清除掉了。

从岩石到海洋

如同地球的起源一样，海洋从何而来的问题一直是神话和传说的主题，也是哲学猜想和科学研究的主题。有三种可能被认为是水的起源。科学家认为，水可能来自形成原始地球的岩石内部，或者来自小行星和流星撞击地球，或者是彗星撞击地球。

不管确切的来源是什么，地球上的大部分水都比太阳还要古老。水形成于星际空间，在被太阳星云捕获之前，水以冰晶的形式漂浮在周围。

为了调查这三个来源中的哪一个是可能性最大的（或者是否三个来源都有涉及），科学家们已经精确地检测了在地球上发现的水的化学成分。水的起源可以通过"重水"——由"重氢"或"重氘"组成的水（见下页方框）的比例来表示。

今天在地球上发现的重水的比例远远低于在彗星中发现的比例。例如，哈雷彗星和百武彗星的重水含量是地球海洋中重水含量的2倍。这意味着地球上所有的水不可能都由随机的彗

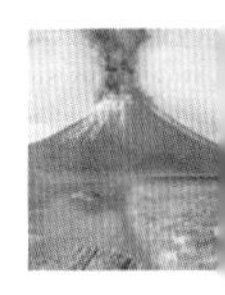

重 水

所有的水分子都是由两个氢原子和一个氧原子组成的，分子式是H_2O，但并不是所有的氢原子都是相同的。正常的氢原子原子核里只有一个质子，所以它的相对原子质量是1。氢的一种变体叫作氘，原子核中也有一个中子，使其原子质量为2。在水分子中，一个或两个氢原子都可以被氘取代。如果只有一种化合物被替换，那么这种化合物称为半重水（可以写成HDO）。重水的分子式是D_2O，重水的冰点和沸点比普通水略高，密度是普通水的1.1倍；重水冰在普通水中下沉。

星撞击产生。

也排除了水是由陨石撞击地球而产生的可能性，因为大多数陨石中的水含有大量的稀有气体氙——大约是地球水中氙含量的10倍。

2014年，人们发现，地球上重水的比例与从小行星灶神星破裂落在地球上的陨石中发现的比例一致。灶神星的成分在太阳系诞生1 400万年后被有效地“锁定”了，当时小行星冻结了，原始的大气层含有大量的水蒸气。所以它代表了地球大小是现在的四分之一到一半时未改变的岩石物质。由于地球和灶神星形成于太阳系的同一区域，这一发现表明，地球形成时，大量的水被困在了行星内部。

雨水可能持续了几个世纪才形成海洋。

地幔熔化的岩石中仍然有水。1995年，彼得·乌尔默（Peter Ulmer）和沃尔克马·特罗姆斯多夫（Volkmar Trommsdorff）在瑞士的研究发现，地表以下150 ~ 200千米（93~124英里）的矿物可能含有水；最近的计算机模拟表明，水甚至可能存在位于地壳下660千米（410英里）处。

水蒸气凝结成云，当条件适宜时，云就产生了雨。雨水落在温度低于水的沸点的岩石上，就会流到地势最低的地方，在那里聚集起来。几千万年后，这些水池变成了海洋。来自锆石晶体（现存最古老的岩石碎片）的证据表明，地球上的海洋43亿年前就存在了。

地球早期的海洋看起来和现在的一模一样——38亿年前拍摄的照片看起来可能也是这样。

化学物质的加入

化学物质的加入溶解了岩石和空气中大量的水，使海洋酸化（由于氯和二氧化碳）、盐化（由于矿物质）。尽管随着时间的推移会发生一些变化，但是地球海洋的体积和盐度基本保持不变。盐度有升有降，但海水并不像埃德蒙·哈雷猜想的那样，一直变得更咸。海洋的温度随着全球气候的变化而变化，它们比现在既热又冷。

一个亟待解决的问题

地球从外部冷却，但其表面下仍然是热的。第一块岩石可能是厚约100千米（62英里）的玄武岩混合物，位于被称为岩浆的熔化和半熔化的岩石混合物之上。

地球表面岩浆凝固的第一批岩石可能富含镁和铁（超镁铁质）。它们形成于一块块薄薄的地壳；随着越来越多的岩浆不断上升，地壳就会破裂。这导致了俯冲带的形成，在俯冲带中，大块的地壳被拉下来（因为它们比上升的熔岩密度更大），然后再次融化。镁铁质岩石含铁量高；当岩石重新熔化时，一些铁会下沉。随着时间的推移，地壳逐渐含有大量的二氧化硅，形成了较轻的长英质岩石。

对于持久岩石斑块的形成还有其他可能的解释。一种是岩石从下面变厚，要么是由于上升的岩浆堆积起来并在下面硬化，要么是由于俯冲下来的岩石不是熔化而是依附在下面（底板作用）。

沿着正在形成的地壳裂缝的俯冲最终产生了第一个岛弧——火山链，在那里岩浆上升到表面并硬化成坚硬的岩石。由于这种新的岩浆是铁素体，所以它不容易下沉，因为它并不比底层岩浆重得多、密度大得多。慢慢地，岛弧随着它们的生长而合并，在它们的边缘积聚了更多的岩石，直到它们成为大块的硅酸盐岩。这些仍然是可见的大陆盾区——低起伏的大稳定区域。后来，岩石的“平台”在盾区周围出现，它们一起形成了一个“克拉通”。这一发展标志着太古宙的开始。

前寒武纪玄武岩熔岩脊，加拿大安大略省大陆盾的一部分。

克拉通帮助我们弄清楚大陆是如何形成和

地球上最古老的岩石

虽然所有最早的地壳都已经在地球上消失，但人类可能已经在月球上发现了其中一些。2019年，NASA的科学家发现了一块岩石碎片，他们认为这块岩石是在地球上形成的，是被流星撞击而爆炸的，最终落在月球上。这件物品是由阿波罗14号的宇航员带回来的，它由石英、长石和锆石组成，这些矿物质在地球上很常见，但在月球上罕见。它是在月球上从未出现过的条件下形成的，但在40亿年前的地球上却出现过。

当时，月球距离地球的距离是现在的三分之一，对撞击的碎片来说只是很短的距离。

这块月岩中的重晶石块（图中标明的）很可能来自一块作为陨石降落在月球上的地球岩石。

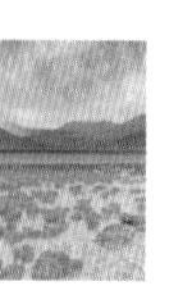

改造的。这些稳定的、起支配作用的、原始的块体（也被描述为“盾”）不会俯冲并消失在海洋地壳之下，但它们会风化和侵蚀。有30~40个大小不一的克拉通，但目前仅有不到10%的克拉通可能是在太古宙形成的。在太古宙早期，那里有大量的构造和火山活动。

“克拉通”一词源于“克拉托根”（kratogen，希腊语“kratos”，意为“力量”），是由奥地利地质学家利奥波德·科伯（Leopold Kober）在20世纪20年代提出的；汉斯·斯蒂勒（Hans

稳定下来的状态

今天，地球有一个坚硬、寒冷的地壳，在大陆上厚达50千米（30英里），但在海洋下面的更薄、密度更大。地幔是由岩浆组成的，岩浆的稠度与道路沥青差不多，流动缓慢。它的流动性足以让对流通过它。

上地幔约占地幔深度的四分之一。在它下面，外核由液态铁、硫和一些镍构成；它的温度在4 000℃～5 000℃（7 200℉～9 000℉）。地球中心的正中间是地核，由相同的金属混合物构成，但却是固体。地核的温度在5 000℃～7 000℃（9 000℉～13 000℉），比外核热，但处于如此巨大的压力下，原子没有空间移动。

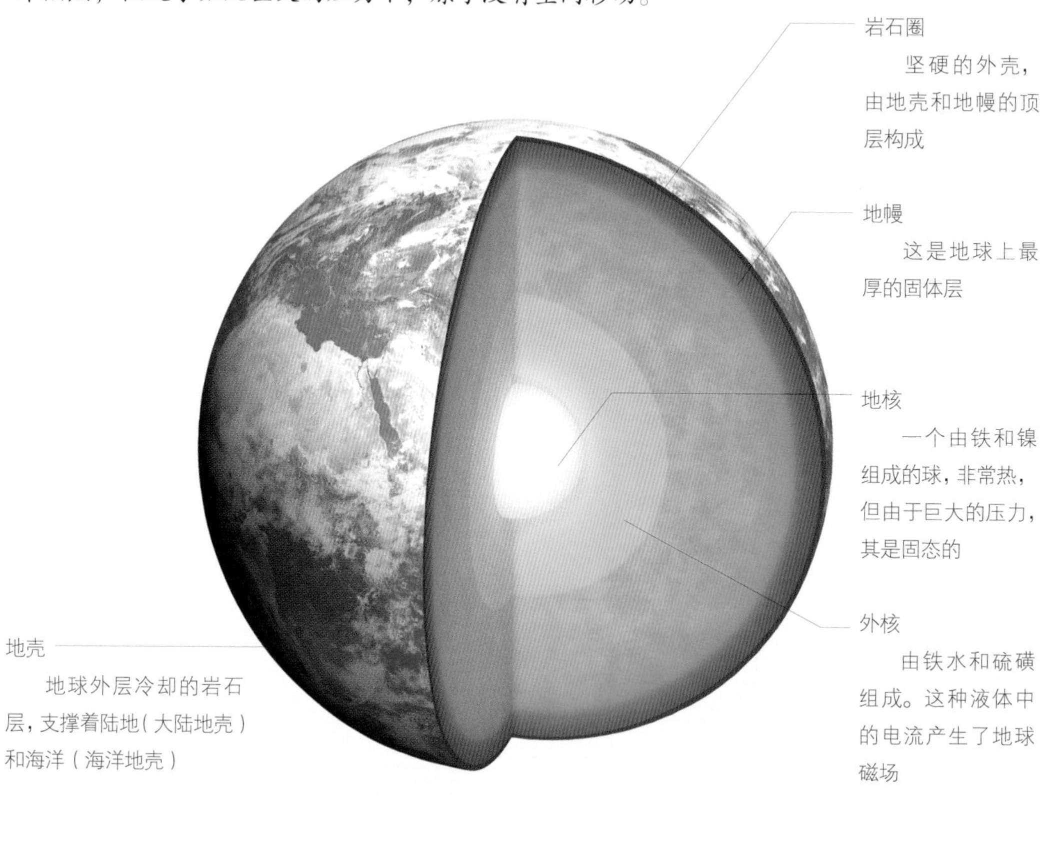

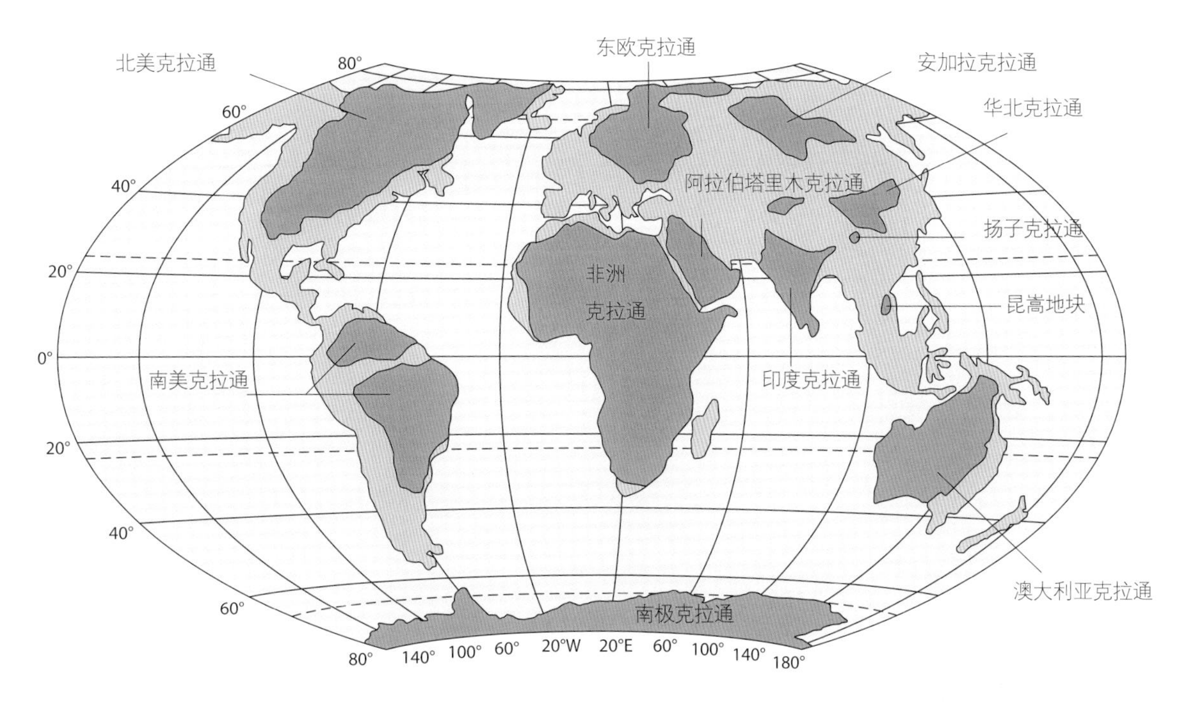

前寒武纪克拉通（暗橙色）在现代大陆的分布。

Stille）把它简称为“克拉顿”。科伯用它来描述稳定的大陆中心，俯冲带在其周围形成。他用“俄勒冈（oregen）”这个词来描述表面活跃多变的区域。科伯和斯蒂勒相信地球的表面特征——尤其是山脉——是地球内部随着温度下降而收缩的结果。这导致地壳皱起以适应这种变化，因为表面积太大，无法均匀地包裹较小的行星。这是英国地质学家奥斯瓦尔德·费希尔（Oswald Fisher）在1841年提出的，属于非常成熟的地球地质学收缩论观点的一部分。这个理论非常有影响力，但费希尔本人在1873年放弃了它，认为它不能解释地球表面的不规则现象。

创造大陆

太古宙没有大陆，只有散布在全球海洋上的克拉通。后来，随着这些克拉通的碰撞和结合，大陆的创造开始了。随着更多的岩浆在大陆边缘沉积，大陆继续扩张。

第一块被认为存在的大陆在1996年被命名为瓦尔巴拉（Vaalbara），之后人们以形成它的两个克拉通为其命名：卡普瓦尔（Kaapvaal，现在位于南非）和皮尔巴拉（Pilbara，现在位于澳大利亚）。它们可能在38亿年前连接在一起，形成了一个小大陆，但它被称为超级大陆，因为它是当时唯一重要的陆地（超级大陆至少需要包含世界陆地面积的75%）。

瓦尔巴拉的存在是推测性的。一些地质学

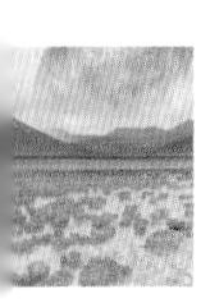

大陆的名字	形成	分裂	克拉通的当前位置
瓦尔巴拉	3.6 亿年	2.8 亿年	非洲南部、澳大利亚西北部
乌尔大陆	3 亿年	2 亿年	印度、马达加斯加、澳大利亚
凯诺兰大陆	2.7 亿年	2 亿年	北美洲、格陵兰岛、斯堪的纳维亚半岛、西澳大利亚、卡拉哈里沙漠
哥伦比亚大陆 / 妮娜大陆	1.8 亿年	1.3 亿年	遍布四处
罗迪尼亚大陆	1 亿年	750 万 ~ 650 万年	遍布四处
盘古大陆	450 万 ~ 320 万年	185 万年	遍布四处

家倾向于认为乌尔（Ur）大陆的存在，这是一个被认为在大约 30 亿年前就已形成的超级大陆。乌尔被描述为超级大陆，因为它包含了大部分可用的土地，乌尔只有澳大利亚的大小。

乌尔大陆之后，超级大陆出现又消失，它们的位置和大小现在都不确定。第一个无可争议的超级大陆——罗迪尼亚（Rodinia）大约形成于 10 亿年前。它被认为是由乌尔和两个非超级大陆——亚特兰提卡（Atlantica）和妮娜（Nena）组成的。在罗迪尼亚和盘古（Pangaea）大陆之间也可能有一个短暂存在（6 000 万年）、名为潘诺西亚（Pannotia）的超级大陆。人们认为潘诺西亚是由两个大的地块并排漂移而形成的，而不是像通常的超大陆创造方式那样，以缓慢持续的力量碰撞而形成的。

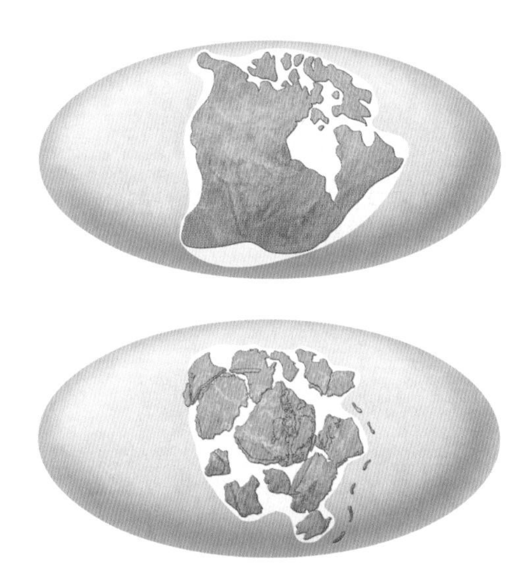

超级大陆克诺（Kenor）、罗迪尼亚和盘古大陆是在陆地不断分裂和融合的过程中形成的。

发现超级大陆

20 世纪初，地质学家首次发现了大陆漂移，超大陆的历史才开始变得完整起来。盘古

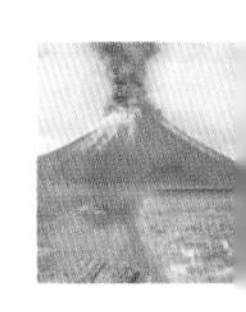

艺术家对克诺大陆海岸的想象图，浅海中简单的藻类在进行光合作用。

大陆的存在是由阿尔弗雷德·魏格纳（Alfred Wegener）在1912年提出的；罗迪尼亚存在的证据在20世纪70年代开始出现（1990年，人们对超级大陆做了恰当的描述）；2002年，人们对哥伦比亚大陆做了描述。

我们今天唯一的陆地是非超级大陆。如果现代人类不受地缘政治的影响，我们可能会把北美和南美视为一个大陆，而亚洲、欧洲和非洲构成另一个大陆。只要把白令海峡接起来，就能形成一个超级大陆。

最近最著名的超级大陆是冈瓦纳（Gondwanaland，即现在的非洲、印度、马达加斯加、澳大利亚和南极洲）和劳亚古（Laurasia）大陆（欧洲、亚洲和北美洲），这是超级大陆盘古大陆分裂的结果。冈瓦纳大陆早于盘古大陆，是组成盘古大陆的大陆之一。冈瓦纳最终在1.4亿年到0.45亿年前分裂。

尚未结束

超级大陆的形成和毁灭一直持续到今天。陆地会继续移动几十亿年。地质学家预测，下一个超级大陆可能会因太平洋的封闭而形成，创造出“新盘古大陆（Novopangaea）”，而大西洋的关闭则可能形成“终极盘古大陆（Pangaea

Ultima）”。另一种略微不同的模式是，所有东西都向北漂移，美洲大陆越来越靠近，并与北极周围的欧亚大陆碰撞，形成“阿美西亚大陆（Amasia）”。

汇聚

陆地的位置和分组对地球的气候和海洋有重大影响。显然，海洋的大小和位置是由陆地的大小和位置决定的。海洋的深度受到温度的影响，大气的组成影响着陆地和海洋。海洋也受到月球造成的潮汐的影响，而在过去的45亿年里，月球逐渐远离地球。

当所有的陆地聚集在赤道附近时，就像超级大陆罗迪尼亚那样，地球往往会变冷。这是因为相比海水，陆地将更多的热量反射回太空。热带降雨持续地落在陆地上，侵蚀岩石，并引起化学反应，使大气中的二氧化碳消失（见第169页）。这增加了冷却效应，直到地球最终陷入“雪球地球”的冰冻状态（见121~122页）。气候和陆地之间的相互作用也对生命产生了重大影响，我们将在第六章中看到；反过来，生命也影响了气候和景观。

深处

驱动地球进化和大陆板块运动的力量来自内部的热量。第一个怀疑这一点的人是18世纪的詹姆斯·赫顿。在花费数年时间观察陆地结构以及风和天气侵蚀的影响后，他得出结论：

意大利艺术家桑德罗·波提切利（Sandro Botticelli，1445–1510年）描绘了一个到达地下深处的阶梯地狱，就像诗人但丁的描述一样。

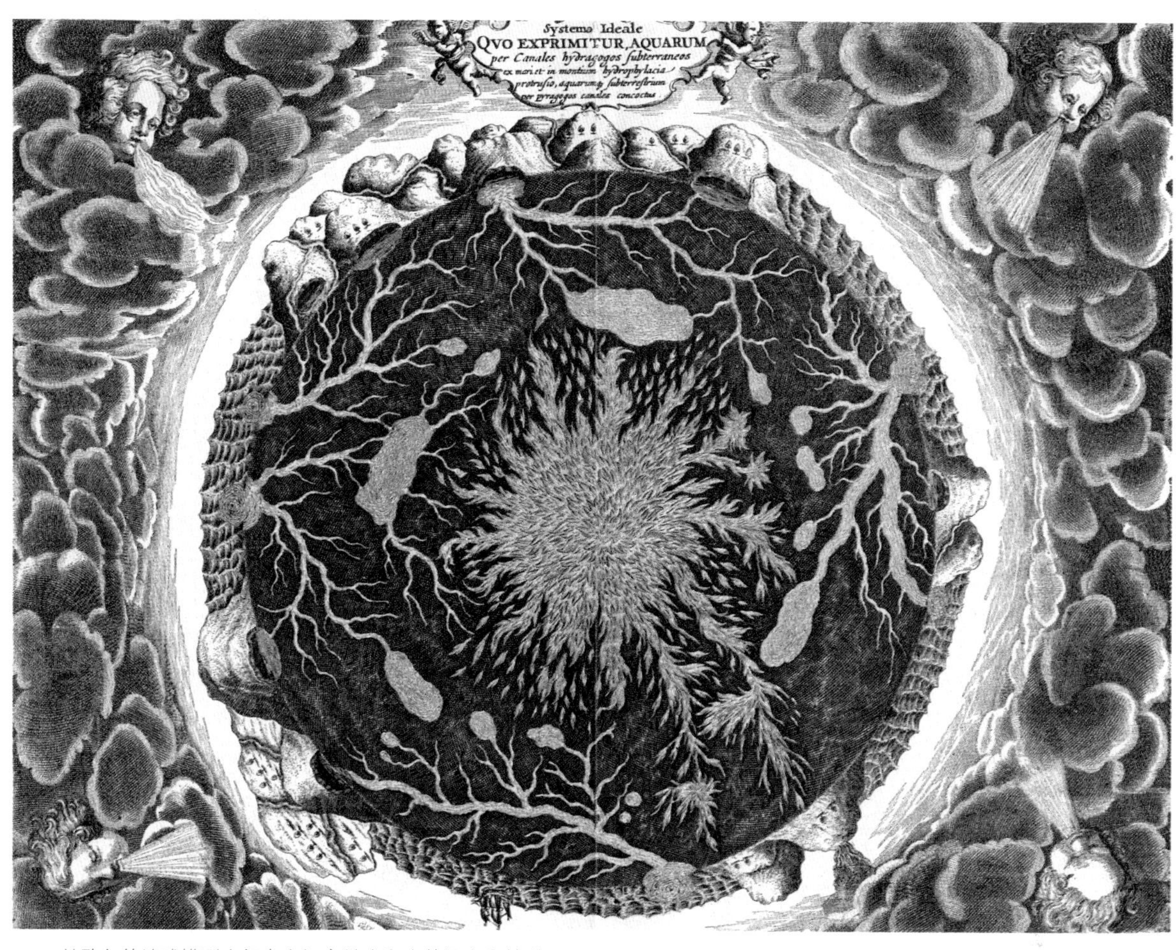

基歇尔的地球模型内部有空间容纳火和水的洞穴和管道。

地球内部很热，热量产生了让陆地移动和变形的力量。赫顿认为地球表面下可能是热的，这是研究这颗行星可能的内部结构的第一个科学方法。

埃德蒙·哈雷手里拿着一张纸，上面画着他的地球内部模型。

在坚实的地表上

虽然对我们来说，地球是固体的这一点似乎很明显，但是有很多神话和宗教故事呈现了一个非常不同的观点，其中提到了冥界或地狱的概念。即使地球上没有地下世界，从我们对地表的观察来看，也不清楚地下世界是否一直都是一样的。

1664 年，德国耶稣会学者阿塔纳修斯·基歇尔（Athanasius Kircher）第一个提出了地球不是固体的、同质的观点。他的《地下世界》（*Mundus Subterraneus*）描述了地核中巨大的中心火。

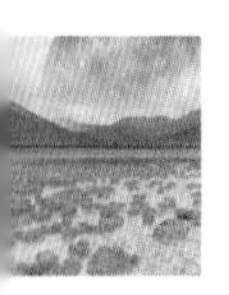

伯内特的《地球的神圣理论》的扉页展示了世界的历史。整个世界从混沌的黑暗、平滑、无特征的大地，到出现洪水（诺亚方舟），出现现代的大陆（底部），然后出现一场全球性的大火。

上帝的水箱

在1680—1689年出版的《地球的神圣理论》（*The Sacred Theory of the Earth*）中，托马斯·伯内特牧师（Reverend Thomas Burnet）坚持认为，地球是被毁坏的上古时代天堂世界的残余。他试图用《圣经》记载的科学术语来解释地球的历史。他以《圣经》中的创世论为前提，但科学认为在一次全球洪水中，地球上没有足够的水来淹没整个星球。因此，他认为一定有其他地方有多余的水，合理的地点应该是地下。他得出的结论是，上帝在地壳之下储藏了大量的水，以备需要发动一场全球性的洪水。水会在适当的时候通过表面的裂缝释放出来。

这支持了我们脚下的土地位于地下熔岩湖和洞穴之上的观点（参见102 ~ 103页），虽然这似乎很有先见之明，但基歇尔并没有完全搞清楚：他假设水被吸进北极的一个洞里，在中央熔炉中加热，并在南极被强力排出。

1692年，天文学家埃德蒙·哈雷提出了一种理论，他认为地球是空心的，其内部有着由同心壳组成的华丽布局，中间有间隙，他说这解释了地球磁场的不一致性。他认为，在坚硬的岩石中不可能有任何东西在移动，从而使磁场不均匀，所以他通过剔除岩石的因素解释了这个现象。他的理论描述了一个大约800千米（500英里）厚的外壳，包含两个同心圆的外壳，最后是一个坚固的中心球体。他说，缝隙中充满了空气。内壳和中心球体的直径相当于水星、金星和火星的直径。

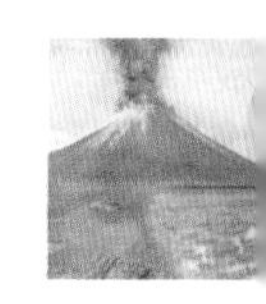

哈雷认为，内壳衬有一种“磁性物质”，这就解释了困扰他的磁场异常现象。重力使结构保持完整，防止内部球体晃动以及与外层壳壁碰撞。

哈雷继续假定地球内部的空间充满了生物。他认为，地球的内部“充满了盐和硫酸颗粒”，可以堵住外壳上的任何缝隙，以避免水进入。

到地球内部旅行

自哈雷时代以来，不少人痴迷于空心地球理论。1818 年，美国陆军军官小约翰·克利夫斯·塞姆斯（John Cleves Symmes）出版了一本小册子，他在书中声称：地球是空心的，里面可以居住；地球包含许多固体同心球体，一个在另一个里面，进入的地点在两极 12 度或 16 度。直到 1829 年去世，他一直在游说人支持他进行一次探索地球内部世界的探险。

挪威人奥拉夫·詹森（Olaf Jansen）声称，他于 1811 年在北极航行通过了一个进入地球内部的入口。他说在那里他和一个 3.6 米（12 英尺）高的超人种族一起生活了两年。纳粹领导人阿道夫·希特勒（Adolf Hitler）也相信地球是空心的，其他高级纳粹分子当然也相信，显然他们曾一度组织了一次远征。如今，在科学和常识的双重冲击下，依然还有一些“空心地球”的阴谋论者竭力捍卫这个概念。

地球内部的生活

当哈雷设想着生活在地球内部的未知生物

柯雷什（Koresh）的地球模型将大陆嵌入一个球体的内部，向内观察宇宙。

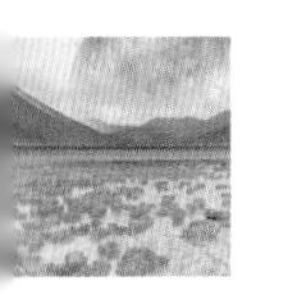

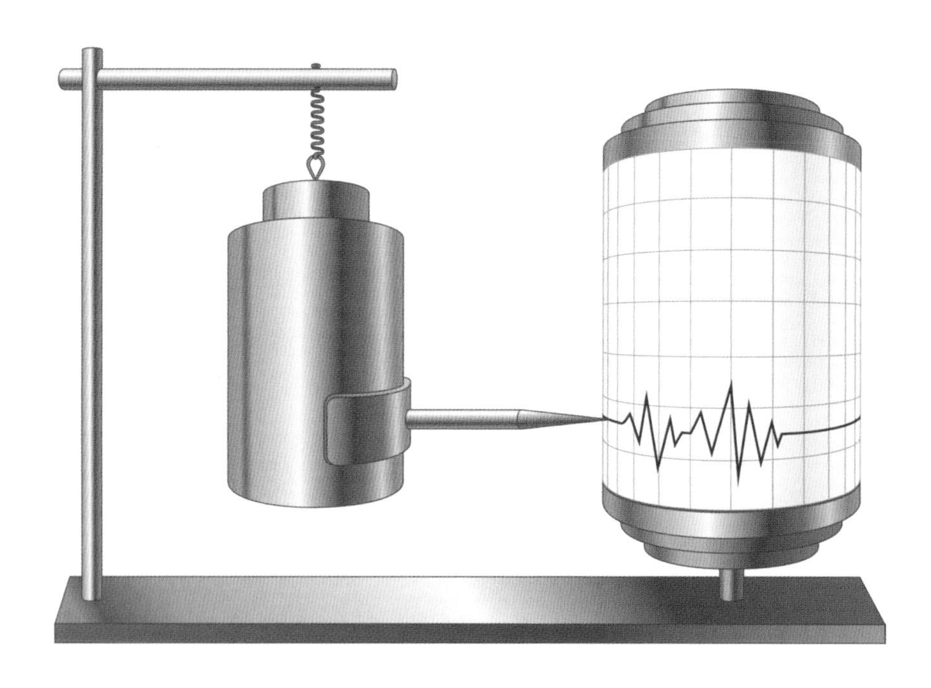

地震时，地震仪上悬挂的笔会震动，然后在附在旋转滚筒上的纸上画下一条线。

时，美国医生和炼金术士赛勒斯·里德·提德（Cyrus Reed Teed）将我们所有人置于地球内部。提德一直在进行非常规的实验，他给自己施加了非常强烈的电击，以致他昏了过去，醒来后他意识到自己就是弥赛亚。之后他把自己的名字改成了柯雷什，驳斥了地球绕着太阳转的观点，并开创了自己的宇宙理论，即细胞宇宙学说。通过逆转地球被星体圆顶覆盖的普通模型，他将地球定位在一个球体的内表面，朝向一个包含着代表天堂的中心球体。他创立了一个名为柯雷什统一教（Koreshan Unity）的教派，吸引了追随者，追随者们相信他们可以通过禁欲和共享一切获得永生。1908 年提德死后，这个教派的大部分人解散了。

磁化的地球

1600 年，英国物理学家威廉·吉尔伯特（William Gilbert）提出了地球内部可能有一部分是铁的观点。吉尔伯特发现了地球的磁场。他使用一个磁化的铁球，发现铁球周围磁力线的模式与地球表面不同地方移动的指南针形成的模式相匹配。这表明地球是一块巨大的磁铁，因此地球一定是由铁构成的。随着收集的数据越来越多，很明显地，地球的磁场正在向西漂移。

1692 年，哈雷提出存在于地壳和地核之间的流体层，使地核以不同于地球其他部分的速度旋转，这也许能解释这种差异。1946 年，沃尔特·埃尔萨瑟（Walter Elsasser）解释了磁场，他说地球是一个地磁发电机。外核中流动的流体产生电流的方式与发电机发电的方式相同。

岩石中的波浪

虽然火山存在的证据表明在地球表面以下

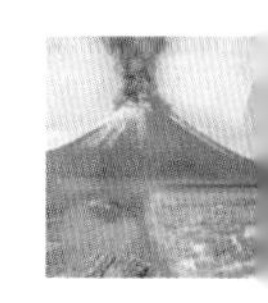

的某个地方有一层液体，但19世纪的物理学家尤其是开尔文认为，如果地下是液体，月球产生的潮汐效应会把地球撕裂。开尔文组织了一些实验来检查潮汐引起的地表垂直运动，并得出了地球“像钢铁一样坚硬”的结论。

但事实证明，地球也可以传递波。19世纪末，普鲁士地球物理学家埃米尔·维切特（Emil Wiechert）开始了研究地震波如何在地球上传播的开创性工作。在流体地幔中存在对流流，它们传播地震波。地震及其产生的冲击波是研究地球结构的核心。通过比较地震发生后几个小时内不同地方的读数，地震学家就能弄清楚能量是如何通过构成地球深层结构的不同类型物质流动的。

1896年，维切特发表了他的理论，即地球有一个岩石外层和一个铁核，该理论是根据计算得出的行星密度与测量到的地表岩石密度的差异推导出来的。1906年，英国地质学家理查德·迪克森·奥尔德姆（Richard Dixon Oldham）证实了他的理论。奥尔德姆发现，地震产生的地震波的传播速度会随着深度的增加而增加——但只在某一点上。在此之下，波的速度大大降低，这表明它们正在通过一种不同的物质。奥尔德姆的结论是，波被一个比周围密度大得多的地核减速，地核很可能是由铁构成的。

发现边界

1910年，克罗地亚地震学家安德里亚·莫霍罗维奇（Andrija Mohorovicic）发现了地震波速度急剧变化的一个点，并将其与密度联系起来。现在人们所认识到的这个不连续点，位于海洋下面10千米（6.2英里）和大陆下面50千米（31英里）之间，被称为莫霍面（Moho），它是地壳和地幔的分界线。

不久之后又出现了另一个中断点。1912年，维切特的学生之一贝诺·古腾堡（Beno Gutenberg）发现，地震波的速度在2 900千米（1 800英里）深处发生了相当大的变化。他认为这就是地幔和地核的边界（古腾堡不连续面）。因此，地球最终被证明有三层：位于中心的地核，由半熔化的岩石组成的厚厚的地幔，以及

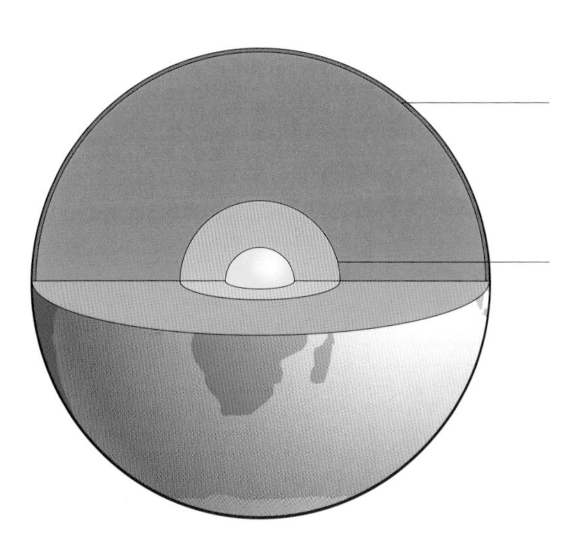

莫霍面是地壳与地幔的边界

古腾堡不连续面是地幔和外核之间的边界

地球内部各层之间的边界改变了地震波的速度。由此，科学家们计算出了不连续面的深度。

英奇·莱曼从她对地震波的研究中推断出了地核的存在。

坚硬的地壳。

还有一个重要的问题：地核是固态的还是液态的？1926年，哈罗德·杰弗里斯爵士（Sir Harold Jeffreys）解决了这个问题，他指出地幔的平均硬度远远大于整个地球的平均硬度。这就需要一个硬度更低的区域来弥补，这个区域只能在核心处。

但这并不是故事的结局。11年后的1937年，丹麦地震学家英奇·莱曼（Inge Lehmann）证明了在液态外核内部有一个固态的内核。在研究1929年发生在新西兰的一次大地震的地震学记录时，她发现一些地震波部分进入地核，然后发生偏转。她认为，这个边界是在液体核和固体内核之间。她的理论在1970年得到了证实，当时更灵敏的地震仪记录了地震波从地核反弹的情况。这种边界称为莱曼不连续面。

地球物理学家怀疑，地球内部也有一个不同的地核，尽管本质上并没有不同。它被认为有1 180千米（733英里）宽，由铁组成，但与内核外部的晶体结构不同。人们认为，内核与外核交界处物质的晶体化，正以每年约1毫米的速度增长。

一层又一层

地核的内外层、地幔的上部和下部、地壳和大气是地球结构的基本化学分区，也可以根据岩石在不同压力和温度下的物理行为进行划分。内外核保持不变，但地幔和地壳被分为中间层（下地幔）、软流层（大部分上地幔）和

最后一块

在地球历史上，地核形成的时间相对较晚。相关的估计各不相同，但2015年的一项研究将其定位在10亿～15亿年前。岩石中记录的地球磁场强度的急剧增加被解释为地核开始凝固的证据。这项研究还表明，地核的冷却速度比之前认为的要慢。

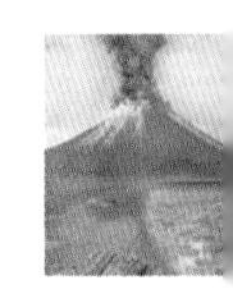

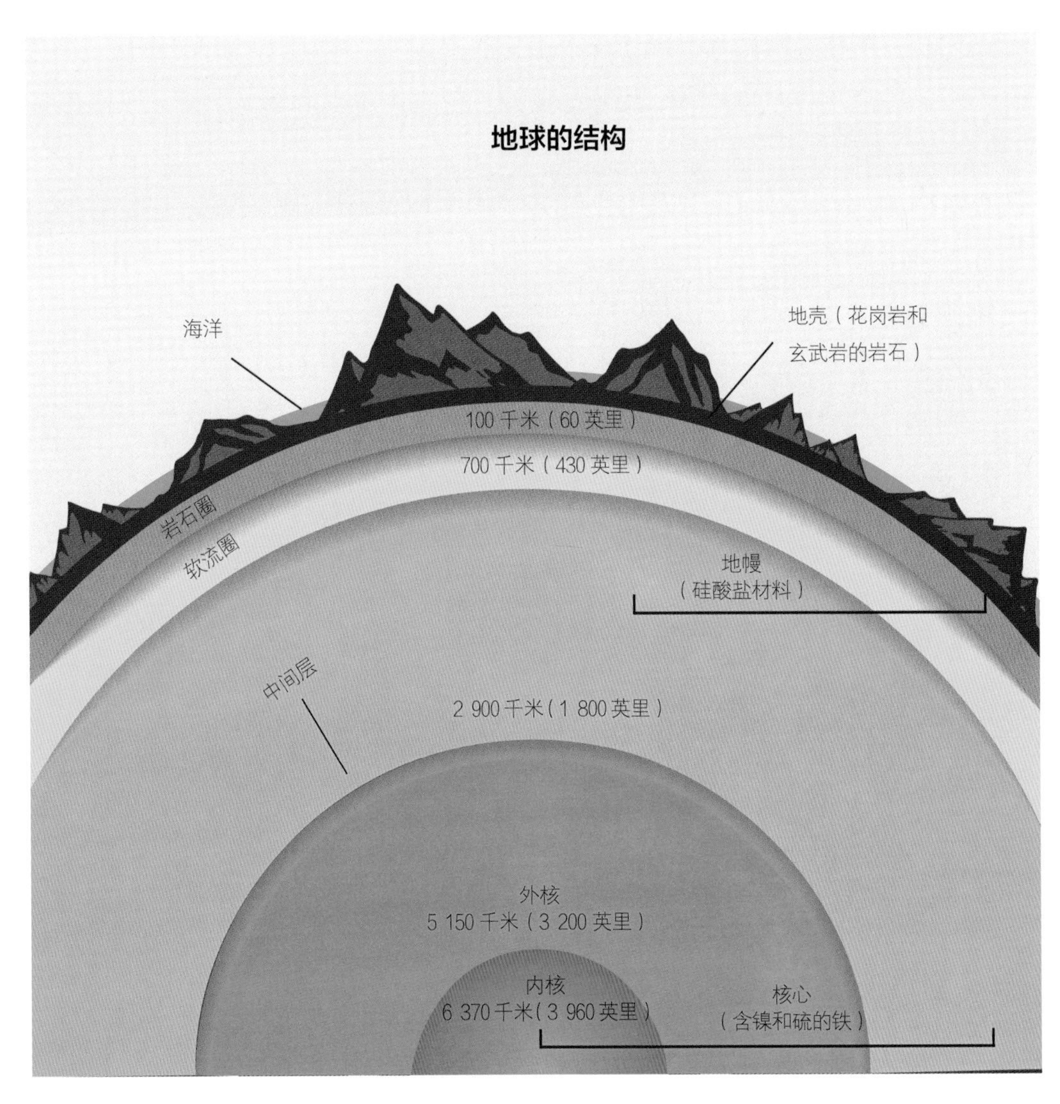

用不同的方式表示地球的外层，显示每一层底部的深度。

岩石圈（地幔和地壳的最顶部，主要是固体部分）。岩石圈与大气（气体）、水圈（水）、冰冻圈（冰）和生物圈（生物）相互作用。

准备开始

在太阳系形成的几亿年后，地球准备开始演化成我们现在所知道的行星。地球只有一颗卫星，大气层主要由二氧化碳和水蒸气组成，全世界都有液态海洋，还有岩石地壳，这形成了准备发展成大陆的无数花岗岩岛屿。地球内部是分化的，有一个金属核和很厚的糊状热岩地幔。大部分时间里，地球的天气可能相当凉爽，相当宜人；此时的地球甚至可能已经准备好承载早期的生命形式。

第四章

岁月的岩石

我们觉得自己要回到这样一个时代，那时我们所站立的片岩（岩石）还在海底，而我们面前的砂岩才刚刚开始从超大陆的海水中以沙子或泥浆的形状沉积下来……时光的深渊，头脑似乎变得晕乎乎的。

—— 地质学家和数学家

约翰·普雷菲尔（John Playfair），1788 年

长久以来，石头都被用来和稳定类比。地球上的岩石似乎是永恒不变的。然而，数千年来，岩石在物理和化学性能上都发生了变化，它们溶解、生长、破碎和变形。相对于地球的大小，地球的岩石外壳就像苹果皮一样薄，然而，我们这个星球余下来的故事就在这之上开演。

哈萨克斯坦乌斯特尔特高原的白垩沙漠上矗立着一块弹性砂岩的巨石。这一景观是由数百万年来岩石的沉积和侵蚀形成的。

遍布世界

当地球冷却时，岩浆冷却形成火成岩；随着时间的推移，其他类型的岩石也出现了。风、天气和海浪的作用使一些火成岩破碎，并把它们磨成尘土或沙子，沙子和水混合后就变成了黏土。尘土和黏土在巨大的压力下被压碎，形成了第一批沉积岩（见下方框）。当沉积岩或火成岩被加热（但未完全熔化）和压缩时，它会发生物理变化，产生变质岩。如果岩石完全融化并发生转变，就形成火成岩。

岩浆的成分多样，所以火成岩有不同的类型。一般来说，陆地上有大量的花岗岩，这是

岩石的类型

地质学家根据岩石的形成方式将岩石分为三大类。

火成岩开始熔化（如岩浆），然后凝固。这有两种类型：突出型和侵入型。喷出火成岩是火山活动将岩浆以熔岩的形式抛射出来并硬化地面的结果。这些岩石冷却迅速，有细小的结晶颗粒；如果它们冷却得非常快，它们是无法定形的，根本没有颗粒。例如，玄武岩、浮石和黑曜石。侵入式火成岩，包括花岗岩和辉长岩，在地下岩浆变硬时形成。这种岩石冷却缓慢，形成巨大的分化晶体。例如，在花岗岩中很容易看到长石和石英的单独颗粒。

黑曜石，一种没有颗粒的黑色火山石，位于美国俄勒冈州纽贝里国家火山纪念碑。

一种在地下硬化的火成岩，而海床主要由玄武岩构成，玄武岩也是一种火成岩，它以岩浆的形式涌出，暴露在海水中就会凝固。大约有700种火成岩，它们通常坚硬而重。到处都有变质岩，沉积岩覆盖了约地球表面的75%，覆盖在火成岩基岩上。

多种用途

我们的祖先对在地下发现的岩石产生了浓厚的兴趣。一些类型的岩石或土壤可以用来制作颜料用于绘画或染布和陶器制作；一些产生了金属，如铁、铜或金；另一些则极其坚硬，在建造上非常有用。有些很容易剥落，可以制

沉积岩的形成经历了四个阶段：岩石的风化作用使其破碎成小块；较细的材料通常由水来输送，然后沉淀；沉积物在压力下被压实，变成岩石。沉积岩可能含有有机物质，如动物的身体或外壳，或植物。例如，白垩土、石灰石、砂岩和黏土。第一块沉积岩中没有有机物质，或者只有早期微小微生物的尸体（见119页）。

变质岩是火成岩或沉积岩在热和（或）压力作用下发生变化（变质）而形成的。埋藏的岩石受到巨大的压力和高温的影响。发生化学和物理变化产生变质岩。它可以是有叶理的，这意味着它有清晰的层或带，或无叶理的。变质岩的例子包括大理岩（来自石灰岩），它是无叶理的，以及板岩（来自页岩），它是有叶理的，很容易破碎成片。

上图：砂岩是一种沉积岩，岩层清晰可见。

右图：大理石是一种在欧洲很常见的变质岩。希腊萨索斯岛的海岸线上有很多花岗岩。

法国鲁西永的赭石沙。18 世纪至 20 世纪，用作颜料的赭石在这里开采。

成工具。我们在最早的原始科学文献中发现了对岩石和矿物进行分类和描述的尝试，这并不奇怪。

希腊和宝石

研究和描述不同类型岩石和矿物的第一个人是希腊哲学家泰奥弗拉斯都（Theophraste，约公元前 371—公元前 287 年）。他出生在莱斯博斯岛，后来搬到雅典，在柏拉图创立的学院学习。柏拉图死后，亚里士多德接任学院院长，亚里士多德逃离雅典后，泰奥弗拉斯都管理学院达 36 年之久。泰奥弗拉斯都最出名的是他在植物学方面的成就，他还写了《论石头》——一篇关于岩石和宝石的论文，以及一本名为《论采矿》的著作（已遗失）。

泰奥弗拉斯都接受了亚里士多德在他的论文《气象论》（*Meteorologica*）中提出的公式，即所有地球上的物质都是由四种元素（土、水、空气和火）组成，并结合了热、冷、干和湿的特性。亚里士多德认为，金属是地球上渗出的水汽凝结的结果，而矿物质是干燥气体析出的产物。这种将矿物质的湿源和干源进行对比的观点在大约 2 000 年的时间里仍然存在，直到 18 世纪才以不同的形式出现（见 72—74 页）。

《论石头》描述了石头、土和矿物的外观、用途和物理特性。关于它们的起源的讨论主要局限于从岩石和水中开采或形成，尽管书中指出，有一种叫作猞猁石的宝石被认为是从一只猞猁的尿液中结晶出来的（见下页底部的方框）。大多数其他古代和中世纪关于石头的文献广泛地探索了它们的神话起源，并描述了某

在地下形成的物质中，有的由水构成，有的由土构成。通过采矿获得的金属，如银、金等，来自水；石头从土中获得，包括较珍贵的石头，因为颜色、光滑度、密度或任何其他品质，有些土的类型也是不同寻常的。

—— 泰奥弗拉斯都，公元前3世纪，《论石头》

左图：泰奥弗拉斯都。他兴趣广泛，地质学只是他研究的一个领域。

些矿物质的药用特性。

泰奥弗拉斯都注意到石头在加热或“燃烧”时的表现，以及哪些会吸引其他物质的石头。（我们现在知道，这意味着这些石头是有磁性的，或者可以感应产生静电）他探索它们是坚硬的还是易碎的，以及它们是如何被开采、使用和估价的，并注意到有些石头是在其他石头中发现的。他提到了一块卵石，由两种不同的石头组成，他总结道，“它还没有完全从水的状态转变过来”。《论石头》是两千年来最理性的矿物学研究。

猞猁石……非常硬，像真的石头。它有一种吸引力，就像琥珀一样，有人说它不仅能吸引铜和铁，还能吸引稻草和木块，如果这些木块很薄的话，就像迪奥克里斯（Diokles）过去解释的那样。猞猁石是冷的，非常透明，当猞猁石来自野生猞猁而不是驯服的猞猁，来自雄性猞猁而不是雌性猞猁时，其品质更好；因为它们的食物、运动或不运动，以及它们身体的性质会不同，所以一种比较干燥，另一种比较湿润。有经验的人通过挖掘来找到这种石头，因为动物排尿时，动物会在尿上堆土来掩盖。

—— 泰奥弗拉斯都，公元前3世纪，《论石头》

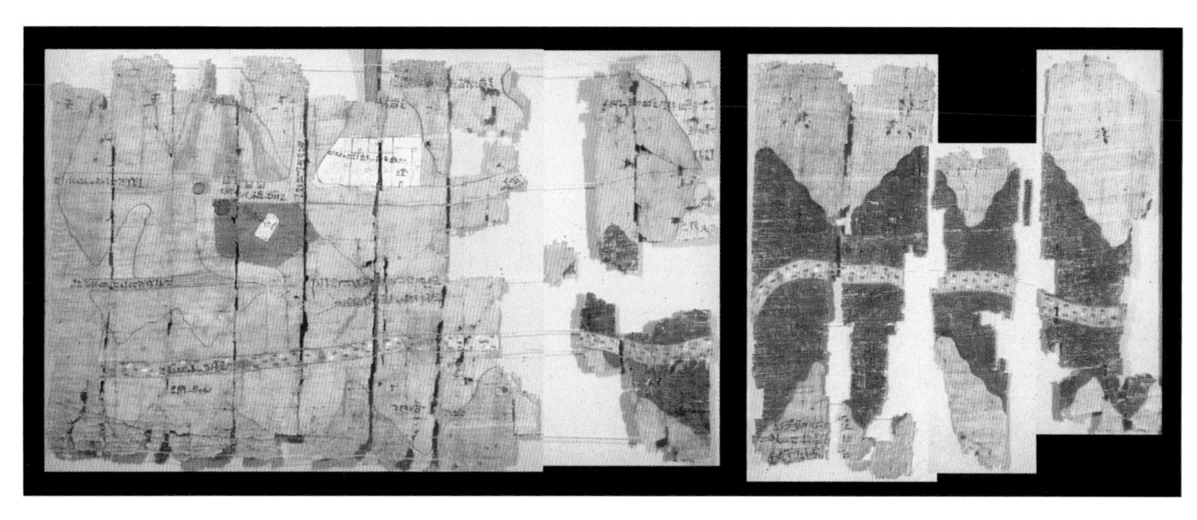

世界上最早的地质图是300年前绘制的，它显示了在埃及哪里可以找到黄金。

矿物质和矿工

采矿是人类对地球进行永久改变的最早方式之一。在铁器和青铜时代，提取和熔炼金属的能力推动了工具和武器的制造，后来在现代的制造业中得到了应用。

随着活字印刷的出现和人们的文化水平的提高，有关采矿和不同类型岩石的信息传播得更加广泛。德国学者和科学家乔治·阿格里科拉（Georgius Agricola，1494—1555年）写了大量关于采矿和地质学的文章，并将地质学确立为一门学科。他的开创性著作《论金属的本质》根据矿物、土、石头和金属的物理性质将它们分类。

虽然阿格里科拉偶尔会注意到一些化石与生物体的相似之处，但他并没有说化石是生物体的有机遗骸。（当时，“化石”一词的字面意思是“被挖掘出来的东西”，并不一定是指有机物）认识到一些化石是曾经有生命的生物的遗迹，将很快为地质学增加一个新的维度（见149页）。

阿格里科拉和赫伯特·胡佛

阿格里科拉用拉丁文写作，这在当时是司空见惯的。他的《论金属的本质》于1912年由矿业工程师、后来成为美国第31任总统的赫伯特·胡佛（Herbert Hoover）首次翻译。胡佛的妻子卢·亨利（Lou Henry）是一位地质学家和拉丁学者，也参与了这本书的翻译工作。他们花了5年时间完成这项任务。

水成论和火成论

泰奥弗拉斯都声称，地下发现的材料要么来自水，要么来自土，这预示着18世纪关于石头起源的争论。当时有两种对立的理论：水成论（Neptunism，以希腊的海神命名）认为岩石最初是由水形成的；火成论（Plutonism，以希腊地狱之神命名）认为岩石是通过热的作用在地下形成的。

火山和化石

意大利修道院院长安东·摩洛（Anton Moro）是一位研究火山岛的地质学家和博物学家。1750年左右，他确定他所研究的火山岩来自地球内部，并在形成后固化（火成论）。摩洛是第一个区分形成岛屿的火山岩和后来形成并包含化石的沉积岩的人。在他的《关于在山上发现的甲壳类动物和其他海洋生物》的书中，他写道，在山上岩石中发现的海洋生物化石不是诺亚时代洪水的证据，而是曾经埋在海底的岩石的证据。

弗莱堡的德国矿物学教授亚伯拉罕·戈特洛布·维尔纳（Abraham Gottlob Werner，1749—1817年）认为，早期的地球是从宇宙物质中积累起来的，最初以富含溶解元素的海洋形式存在。矿物从海洋中结晶和沉淀而形成岩石（水成论）。根据他的模型，沉淀是按照严格的顺序发生的，首先是最古老、最坚硬的岩石，如花岗岩和片麻岩，然后是玄武岩，最后是沉积岩，如石灰石。这些岩石形成后，海平面下降，一些岩石暴露出来。岩石立即开始遭

捷克共和国兹拉提夫尔赫的玄武岩柱的形成方式正是摩洛所说的：从火山喷发而来的岩石被水淹没、熔化，然后变硬。

到侵蚀，于是开始形成最新的沉积岩，如砂岩。

1806年，意大利采矿工程师朱塞佩·马尔扎里－潘卡蒂伯爵（Count Giuseppe Marzari-Pencati）在研究蒂罗尔（意大利北部和奥地利的山区）的地质时，在大理石上发现了花岗岩。水成派认为这是不可能的，因为花岗岩被认为是最早的岩石。1820年，马尔扎里－潘卡蒂发表了他的发现，令水成派大为震惊。其中一位水成派成员利奥波德·冯·布赫（Leopold von Buch）认为，是一次滑坡把岩石的顺序搞混了。但是他的论点经不起推敲。地质学家蜂拥而至进行研究，包括19世纪最伟大的博物学家之一亚历山大·冯·洪堡（Alexander von Humboldt）。19世纪30年代，查尔斯·莱尔的研究进一步削弱了水成论。

这座位于奥地利因斯布鲁克的圣母玛利亚雕像是用阿尔卑斯山常见的大理石制成的。人们通常使用当地的岩石雕刻雕像。

沉积岩

地质学家认为沉积岩有四种类型：

碎屑沉积岩是由被压实，然后被硅酸盐胶结在一起的小岩石颗粒组成的。它们按颗粒大小分为三类，分别是砾石、沙子或泥土。后者的颗粒很小，似乎不属于颗粒。淤泥介于沙子和泥浆之间，但往往与泥浆归为一类。

生物化学沉积岩是由生物形成的。主要的例子是由动物富含钙质的骨骼和贝壳制成的石灰石；由木材形成的煤；以及由使用硅来构建骨骼的生物（如硅藻和放线菌等微生物）的残骸形成的燧石。

化学沉积岩是矿物从饱和溶液（如岩盐）中沉淀形成的。

生死之石

事实上，水和火共同造就了地球上不同的岩石。热熔化并改变岩石；与此同时，水会将溶解的矿物质通过岩石携带并沉积在矿脉中，或溶解岩石中的物质，或将沉积物运到一个地方，在那里它可以堆积并最终形成沉积岩。还有另一种力量在起作用——生命和死亡的生物循环，这在数十亿年的时间里改变了大大小小的有机体的身体。正如我们将在第七章中看到的，生命在过去40亿年里在地球上产生了巨大的变化，其中一些变化包括塑造了地球的基本物质，并创造了某些类型的岩石——特别是石灰石和煤。

礁石山

白云石（Dolomite）是意大利的一系列山脉，主要由一种叫作白云石的矿物组成的沉积岩构成，白云石是钙和镁的碳酸盐【$CaMg(CO_3)_2$】。1791年，一位名叫Dieudonné-Sylvain-Guy-Tancrede de Galet de Dolomieu的法国博物学家在阿尔卑斯山行走时发现了这块岩石。他指出，与普通的石灰石不同，它所含的晶体对酸没有反应。白云石的称呼就是从他的名字得来的，它们以前被简单地称为“苍白山脉”。在那里发现的化石表明，这些山脉曾经存在于海底，但人们对海底及其可能发生的过程知之甚少。

1770年，詹姆斯·库克（James Cook）船长意外而戏剧性地发现了白云石的真实性质，当时他驾驶着自己的“奋进号”船在澳大利亚海岸附近的大堡礁搁浅。1704年提交给伦敦皇家学会的一篇论文描述了珊瑚礁：

“这种珊瑚有很大的堤岸，它多孔、坚硬，但又直立而光滑，会长出小枝。如果——我们说的是——如果这种珊瑚完全长成，其他珊瑚就会在它之间生长，在新生长出来的珊瑚中还会有其他珊瑚生长，直到整个结构像岩石一样

“其他”沉积岩包括火山爆发后火山碎屑流形成的沉积物。（火山碎屑流是一种快速移动的火山物质云，倾泻而下，形成火山灰）

人们利用燧石（一种燧石）剥落的特性来制造工具和武器。

坚硬。”

1772—1775 年与库克一起航海的德国博物学家格奥尔格・福斯特（Georg Forster）研究了环礁和火山岛的珊瑚。他发现，虽然珊瑚礁可能会高出海床 300 ~ 600 米（984 ~ 1 968 英尺），但只有在顶部几米的地方才会发现活珊瑚。福斯特认为，要么是珊瑚礁从海床向上生长，顶部受到侵蚀，形成了一个平坦的环礁，要么是火山活动将珊瑚推向了海面。

19 世纪，博物学家查尔斯・达尔文（Charles Darwin）开始解释环礁和珊瑚之间的联系。他意识到形成珊瑚的动物需要阳光，这就解释了为什么珊瑚不是在深海中形成的。他推测，珊瑚开始在火山山顶定值，火山山顶正在下沉，但仍然靠近海洋表面。随着火山慢慢地下沉，珊瑚在现有的珊瑚上继续生长，与正在下沉的火山保持同步。达尔文认为，三个相关的特征——包围着珊瑚礁的火山岛、带有堡礁的岛屿和环礁——显示了同一过程的三个不同阶段。

1868 年，德国动物学家卡尔・森珀（Carl Semper）在太平洋的帕劳岛上发现了这三种珊瑚礁类型的共存。10 年后，海洋学家约翰・默里（John Murray）提出，珊瑚并不局限于火山，而是会在任何合适的水下结构中生存。美国地质学家亚历山大・阿加西（Alexander Agassiz）支持这一观点。

最终，人们发现白云石是曾经生长在温暖海洋中的珊瑚礁的残余。我们现在知道它们产生于二叠纪时期，距今 2.5 亿年，最后出现在了欧洲中部，当时非洲板块和欧亚板块碰撞时，从海底抬升了山脉。在白云石所在的地区，有一些山区几乎完全是由生物形成的，或者是由活的生物创造的。

从空中看，澳大利亚昆士兰的一个环礁清晰地保留了火山口的形状。

一层又一层

在许多地方，很容易看到岩石已经成层地埋在地下。中国的沈括、波斯人伊本·塞纳（Ibn Sena）和意大利人列奥纳多·达·芬奇都对岩石的沉积和侵蚀有过发现，但在1669年，丹麦地质学家斯滕诺提出了以下地层学原则：

· 岩层是按顺序排列的，所以最低的一层是最古老的。

· 在下一层被铺下之前，较低的一层已经变成固体。

· 在地层之上的任何东西必须是流体（液体或气体）。

· 地层的边缘必须被其他一些固体包围，否则地层必须延伸到整个世界。

· 如果有东西穿过地层，那它一定是在地层之后形成的。

斯滕诺还写到了一种固体包含在另一种固体中，例如，晶体、结晶物、化石、岩石和地层中的矿脉。他提出化石是远古生物的遗体，并观察到固化的生物体会把其形状印在后续各层中。因此，他推断化石不可能像以前所说的那样在坚硬的岩石中形成。在岩层中，最底层的形状决定了其顶部的形状。在岩石中穿行的晶体和矿脉往往会因需要适应岩石的缝隙或压力而发生变形。

虽然斯滕诺的理论很贴近事实真相，但却无法解释岩石是如何形成的。18世纪末，詹姆斯·赫顿迈出了重要的一步，他不仅研究了岩石的形成，还研究了它们磨损的方式。

白云石是史前珊瑚礁的证据，它们现在因为原来的海洋消失而出现在了内陆。

风化

侵蚀是指岩石的磨损和移除，通常是由风、水或冰的作用造成的；被移走的物质以沉积物的形式沉积在其他地方。

任何岩石一旦接触到水或空气，侵蚀的过程就开始了，所以侵蚀发生在地球的早期，当固体岩石、水和大气结合的时候。

风和水的作用

水对岩石的冲刷、侵蚀，通常是通过携带着岩石的颗粒或石头，不断地磨蚀岩石，使之受损。冰冻的水以冰川的形式，可以非常有力地做到这一点。冰川是大量缓慢流动的冰，它非常重，可以携带从沙粒到巨石的一切东西。风携带着细小的灰尘，甚至是相当大的沙粒，把岩石的表面磨碎。较软的岩石被磨蚀得更快，不同的地层暴露出来，形成有趣的形状。

达·芬奇的《岩间圣母》（巴黎版）加入了精确观测到的地质特征。这个岩洞是由一层坚硬岩石切割的风化砂岩构成的。

顶部的垂直岩石是辉绿岩，这是一种火成岩，当它熔化和扩散时侵入砂岩，形成一个厚带（或岩床）。辉绿岩上方的水平裂缝标志着下一层沉积砂岩的开始。

砂岩被风化成圆形，尤其是在屋顶，而较硬的辉绿岩则有弹性，保持棱角分明。前景中的砂岩层十分清晰。

上图：在 3 500 万年的时间里，大峡谷的岩石被科罗拉多河凿穿了。悬崖的岩石被风和空气进一步侵蚀。

左图：流水的侵蚀产生了一个 V 形的山谷，但冰川形式的流动冰的侵蚀，产生了一个更宽的 U 形山谷，如前景所示。小支流冰川的侵蚀效果不如大冰川，所以当冰川消退时，它们会留下一个“悬垂山谷”，在主山谷底部之前止步。

上图：卡帕多西亚的胡杜斯（“精灵烟囱”）是由风侵蚀柔软的岩石，留下较硬的火山岩形成的。在这里，坚硬的岩石形成了软岩柱的顶部。

左图：最强大的侵蚀因子是冰。冰川移动缓慢，但很重，经常携带着松散的石头和大圆石。

如果它们在冰川下面，它们会在岩石上刮出凹槽，就像这里。

风化的作用

风化作用使岩石变小，但其中没有将被移除的颗粒带走的运动介质。地质学家认为风化有三种类型：化学风化、物理风化和生物风化。

化学风化作用是由雨造成的。雨水通常呈微酸性，能溶解碳酸盐岩。当碳酸盐溶解时，岩石中的其他颗粒就被释放出来并脱落。

物理风化作用是温度改变的结果。水渗入岩石并冻结，膨胀的冰会挤裂岩石。重复冻融循环甚至可以破坏大型的岩石。在沙漠中，岩石随着温度的升高和降低而膨胀和收缩，这种应力最终导致水平裂缝。

生物风化是由生物导致的。例如，树可以把根扎进岩石之间的缝隙中，并在生长过程中

地质学家詹姆斯·赫顿用他的锤子，检查着裸露的岩层。

使岩石开裂。地衣、藻类和细菌会产生溶解岩石表面的化学物质。像穿石贝这样的贝类会溶解岩石或在岩石上刮出洞来安家。

循环的岩石

詹姆斯·赫顿是第一个提出地球是数十亿年物理变化产物的人。他认识到，形成地球的过程一定非常缓慢，我们的星球一定比人们普遍认为的要古老得多。通过研究他在苏格兰所居住和耕作的岩层，他观察了地层是如何组织的，岩石是如何在一个持续的过程中被破坏、侵蚀和沉积的。

赫顿观察了苏格兰贝里克郡海岸的岩石，那里有不同的岩层暴露在外。他得出结论，火成论者和水成论者都没有正确回答岩石是如何形成的这个问题。他发现沉积岩是由水冲刷而成的，但火成岩与这些岩石截然不同，

詹姆斯·赫顿（1726—1797年）

经常被称为“地质学之父”的詹姆斯·赫顿出生于苏格兰爱丁堡，家里有5个孩子。当他只有3岁时，他的父亲就去世了。14岁时，赫顿进入爱丁堡大学（Edinburgh University）学习古典文学，当了一名律师的学徒，后来转行学习医学和化学。在法国和荷兰学习之后，他回到苏格兰，在那里他继承了两个农场。他对该地区的地质以及水和天气如何影响陆地产生了兴趣。1767年，他回到爱丁堡，继续从事他对地质学、化石和实验科学的研究，并与当时的一些顶尖学者建立了友谊，其中包括化学家兼医生约瑟夫·布莱克（Joseph Black）、经济学家亚当·斯密（Adam Smith）和哲学家大卫·休谟（David Hume）。

1785年，赫顿向爱丁堡皇家学会（他于1783年与人共同创立了该学会）提交了一篇具有里程碑意义的论文，解释了他的理论，即地球是在强大的地质力量作用下形成的，其作用时间比一般人所认为的要长得多。他描述了附近一个叫西卡角（Siccar Point）的地方，那里的岩层证实了他对隆起和变形的描述。

断层和褶皱

岩层破坏主要有两种类型：

折叠发生时，层层叠叠或皱起，使其形成波浪。

断层是指岩层间出现断裂，整块岩石向下滑动或倾斜。

上图：在这个片麻岩矿床中，由于下部压力的作用，褶皱作用产生了波状地层。

左图：摩洛哥塞普峡谷的这些岩石显示出明显的断层：左边的岩石向下滑动，所以地层不再从左到右排列。

它们的演化过程一定有所不同。他记录了风化和侵蚀的渐进过程。赫顿看到岩层被破坏了，不是像斯滕诺所说的那样整齐地平铺在水平岩层上，而是呈角度，甚至是折叠起来的。他意识到，在岩石铺好之后，有某种强大的力量移动了土地。

当地地标西卡角提供了大量证据。在这里，垂直的灰色页岩层位于水平的红色砂岩层下面。于是，赫顿意识到灰色页岩已经沉积下来，然后某种力量将整个岩层掀起并倾斜，而这层岩层已经被海洋侵蚀和覆盖。红色的砂岩被压在了被颠覆的岩层上。进一步的变化导致海洋消失，整个岩层位于苏格兰的内陆。

赫顿得出的结论是，岩石的形成和破坏是在一个“巨大的地质循环”中进行的，这个循环一定持续了很长时间，不像许多人认为的那样，地球只有 6 000 年的历史。他以惊人的洞察力写道，我们今天看到的岩石是由“从前大

首先，人们的想象力疲惫不堪、不堪重负，因为他们努力设想，在如此毫无知觉的过程中，整个大陆的毁灭需要漫长的时间。

——苏格兰地质学家查尔斯·莱尔写关于赫顿的理论时的评论

陆的废墟中提供的材料”制成的。在这个循环中，岩石和土壤从陆地被冲入海中，在那里它们被压缩成基岩。然后，火山力量将它们向上推到地表，在那里，它们最终又被磨损成沉积物。

赫顿认识到，这一过程是由地球内部的热量在极长时间内的运行所驱动的。他认为，火山和温泉的存在与这种地下热量有关，并认为高温和高压可能产生物理和化学效应。物理效应包括地壳的膨胀和压力将山体推高、岩石折叠、倾斜和变形。化学效应可以形成花岗岩、玄武岩，并增加了贯穿许多岩石的不同矿物的脉络。尽管赫顿的叙述中存在着一些只能用20世纪对构造学的理解来填补的空白，但这是一个惊人的推理壮举。

最先形成的是陡峭倾斜的灰色岩石。在6 500万年的时间里，虽然没有新的岩石沉积，但断层、褶皱、隆起和侵蚀改变了基底层。较年轻的红色岩石是在海洋覆盖了原始岩层之后才铺在它们上面的。

均变论

赫顿提出了“均变论”（uniformitarianism）的概念，即相同的过程在现在和过去一样起作用，并将在未来继续如此。尽管地质过程非常缓慢，我们没有注意到地质过程的发生，但它仍然在发展。例如，如果我们可以测量沉积岩形成的速度，我们就可以计算出任何特定的岩层形成所花的时间，因为这个过程在性质或速度上从一个亿年到下一个亿年都没有变化。最重要的是，由于过去的过程并无不同，“过去是未来的关键”。

火山爆发是地球上岩石循环过程的一部分，内部的岩浆会形成熔岩，熔岩会硬化成新的地表岩石。

第五章

活跃的地球

水，火；火，水。相互之间，就像珍视对方一样，通过某种一致的同意，合作保护地球生态系统或陆地世界。

——阿塔纳修斯·基歇尔（Athanasius Kircher），1665年

詹姆斯·赫顿和后来的地质学家揭示了岩石形成的周期，它只与地壳，即地球的顶部表面有关。但这一过程意味着某种更为强大的东西：地球内部的永恒动荡。

热的作用

赫顿的均变论是对流行的灾变论模型的挑战。后者认为地球是由一系列突发事件或灾难塑造的，这些事件或灾难在短时间内产生变化。它认为过去至少发生过一次全球大洪水，这又和诺亚联系在一起。后来，火山爆发、地震和海啸等其他局部灾难的发生频率越来越高。1755 年，大西洋下的一场灾难性地震摧毁了葡萄牙的里斯本城，欧洲思想家对此记忆犹新。

这种地质变化已经持续了数百万年，甚至数十亿年，是地震和火山爆发等灾难性事件以及赫顿所描述的非常渐进的变化的结果。赫顿提到了引起隆起、褶皱、倾斜和断层的地下热量和压力，并指出这些结果有时是上古大灾难的遗留，有时是缓慢、持续变化的结果。

里斯本大地震

1755年，葡萄牙海岸附近的地震给葡萄牙、西班牙和摩洛哥地区造成了毁灭性的破坏。震感远至格陵兰岛。地震之后发生了 20 米（66 英尺）高的海啸，最远可能到达巴西。地震发生在万圣节（11 月 1 日），当时许多家庭和教堂在燃烧蜡烛。掉落的蜡烛引发了一场大火，将里斯本大部分地区夷为平地。

死亡人数尚不清楚，但地震、海啸和火灾的综合作用可能导致里斯本七分之一至一半的人口和西班牙城市加的斯三分之一的人口死亡。这一事件对欧洲产生了巨大的影响，使人们对“公正的上帝把人类事务安排得最好”的观念以及“稳态地球”的整个观念产生了怀疑。地震的一个结果是地震学作为一门科学的出现，它诞生于对这场灾难的理解。

1755 年的地震和随之而来的海啸带来的洪水给里斯本造成了巨大的破坏。

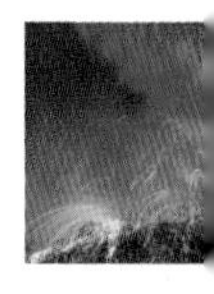

移动的土地

随着地球冷却，地壳凝固，形成第一批大陆。地壳内部继续移动，岩浆中的对流将热物质带向地表，同时俯冲的冷物质下降。这个运动的结果在其原因被发现之前就已经很明显了。

早期的谜题

快速浏览一下世界地图，就可以清楚地看到，非洲和美洲就像拼图游戏中的几块碎片，其轮廓很好地组合在一起。1596 年，佛兰德制图师亚伯拉罕·奥特利乌斯（Abraham Ortelius）认为可以据此推测，美洲是“因为地震和洪水而被从欧洲和非洲撕裂的……”

后来，人们发现了大陆之间的其他联系。1858 年，法国地理学家安东尼奥·斯奈德－佩莱格里尼（Antonio Snider－Pellegrini）指出，在两块大陆上都发现了类似的化石。在穿越非洲和南美洲的化石带中发现了几种动物化石。在南美、非洲、印度、南极洲和澳大利亚都发现了舌鳞蕨的化石，这一事实使奥地利地质学家爱德华·修斯（Eduard Seuss）提出，这些大陆曾经连接在一起，形成了一个他称为“冈瓦纳大陆”的大陆。

但大陆之间怎么会有这么大的鸿沟呢？1912 年，德国气象学家和地球物理学家阿尔弗

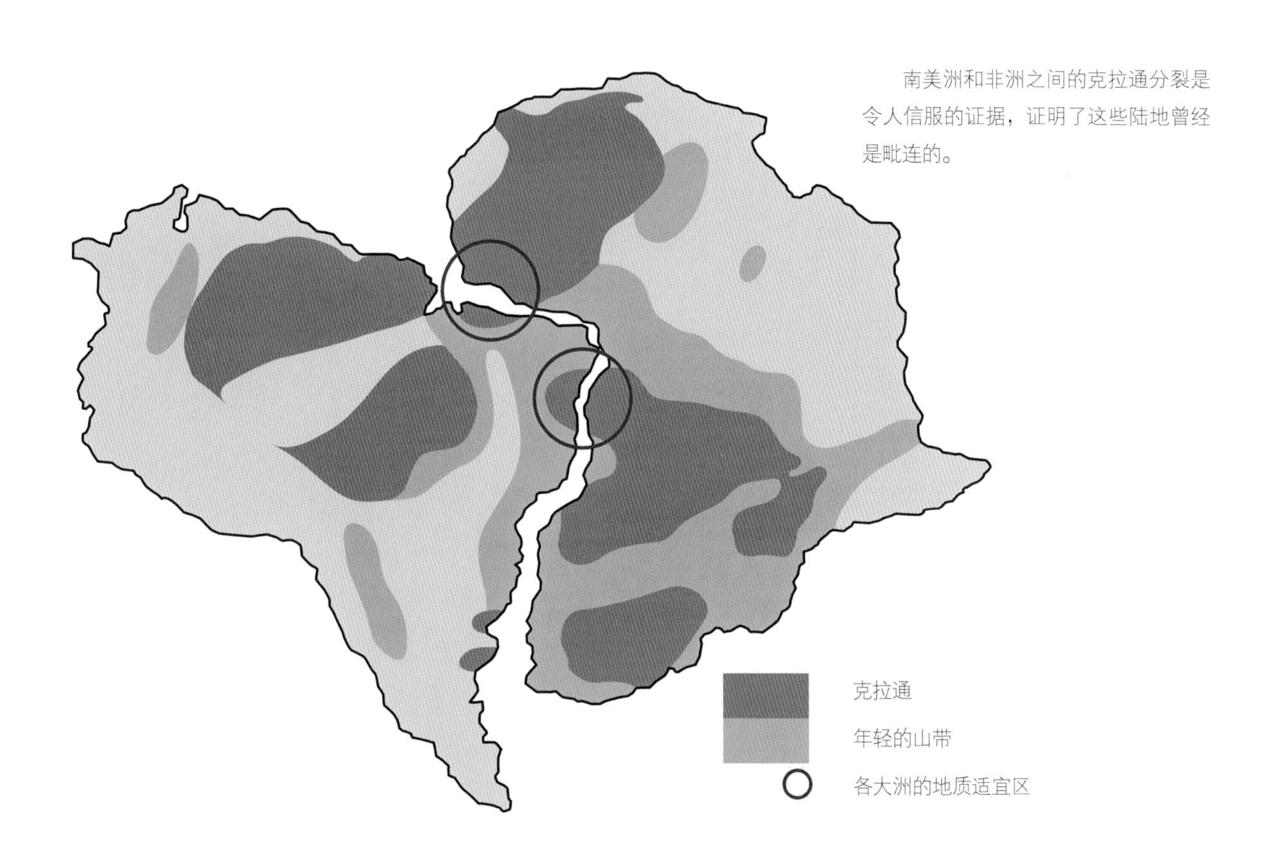

南美洲和非洲之间的克拉通分裂是令人信服的证据，证明了这些陆地曾经是毗连的。

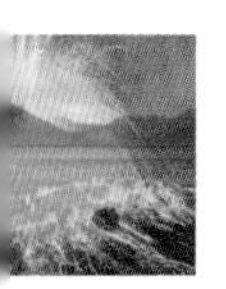

雷德·魏格纳在《大陆和海洋的起源》一书中提出了他的大陆漂移理论。1911 年，他读到一篇关于在大西洋两岸发现的类似动植物化石的论文，从此他开始对大陆板块拼合产生了兴趣。他开始寻找与这些被分割的土地相匹配的其他化石，并发现有很多这样的化石。当时流行的解释是，在现在分开的大陆之间曾经有过陆桥，但魏格纳认为这解释并不令人满意。

魏格纳的假说总的来说是很灵活的，因为它对我们的地球的分析有相当大的自由度，而且比起他的大多数竞争对手的理论，较少受到限制或被尴尬、丑陋的事实所束缚。

—— 罗林·T. 钱柏林

（Rollin T. Chamberlin）

他将研究范围扩大到化石之外，并发现了被海洋分隔开来的与之匹配的地质特征。例如，他发现北美东部的阿巴拉契亚山脉在地质上与苏格兰高地相匹配，而巴西圣卡塔琳娜系独特的岩层与南非卡鲁的岩层相匹配。现在已知的一些有 20 亿年历史的克拉通被分割在相距甚远的大陆上。魏格纳发现，在一些地区发现的化石，如在南极洲发现的热带植物，是完全不适合该地区目前气候的生物。

他的结论是，大约 3 亿年前，所有的大陆都连接在一起，形成了一个巨大的大陆块——盘古大陆。盘古大陆分裂成现在的各大洲，它

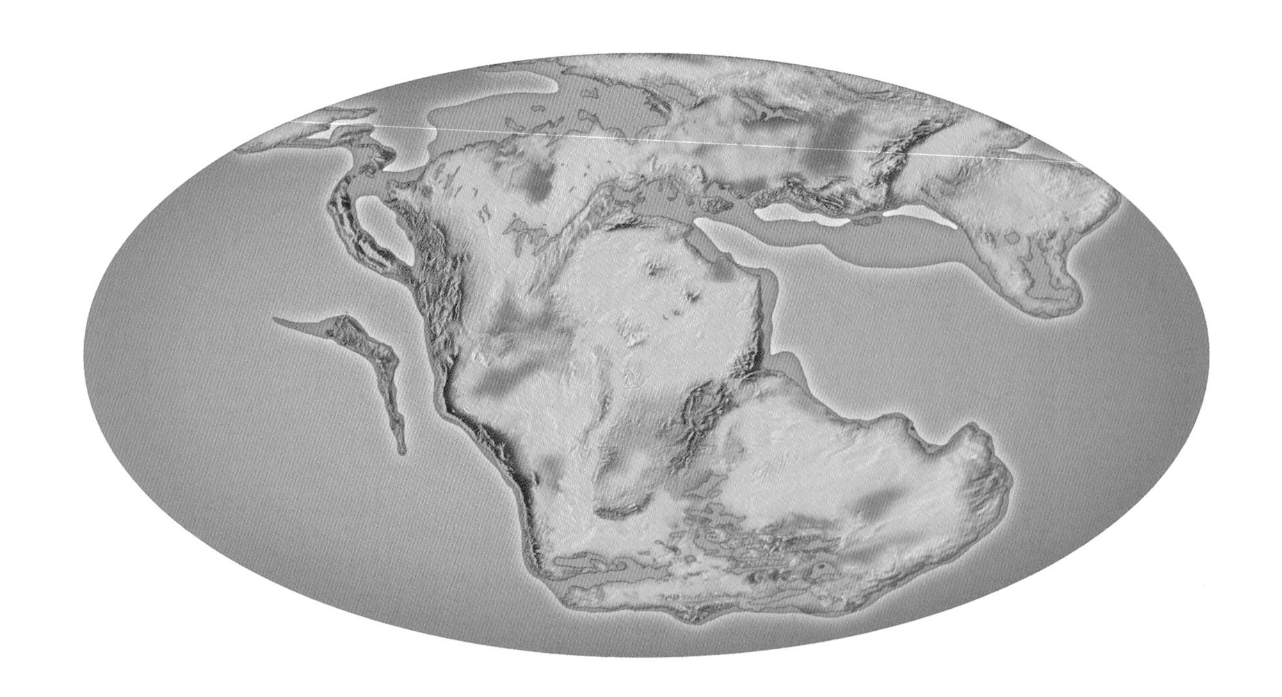

2亿年前的盘古大陆。

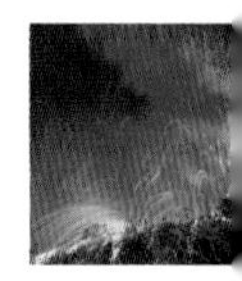

阿尔弗雷德·魏格纳（1880—1930 年）

阿尔弗雷德·魏格纳出生在德国柏林，父亲是一位牧师，他是五个孩子中最小的一个。1905 年，他获得了天文学博士学位，但同时他也对地球物理学和气象学感兴趣。1906 年，他参加了到格陵兰岛研究极地空气环流的考察队，这是他四次到访格陵兰的第一次。魏格纳的格陵兰之旅是一帆风顺的。在他的第一次探险中，有三个人死亡。这次探险中，考察队在格陵兰岛建立了第一个气象站，并绘制了最后一段未绘制的海岸。在 1912 年至 1913 年的第二次探险中，一条裂开的冰川几乎要了整个探险队的命。魏格纳和约翰·科赫（Jahan Koch）（在事故中受伤）是第一批在格陵兰岛北部冰层上越冬的人，并首次向北穿越。在接近旅程终点时，他们在困难的地形中耗尽了食物，并且已经吃掉了最后的狗和小马，这时他们被一个拜访偏远教会的牧师发现并获救。

回到德国后，魏格纳在马尔堡大学（Marburg University）任职，他对大陆漂移的兴趣正是在那里扎根的。第一次世界大战短暂中断了魏格纳的学术生涯，但他因伤病退役，被分配到气象部门工作。他研究龙卷风，并继续完善和推广他的大陆漂移理论。之后，他又两次去了格陵兰岛。在最后一次旅行中，魏格纳和一名同伴在恶劣的天气下出发，将物资运送到西海岸的营地，但在途中死亡。

们漂流分开。但魏格纳并没有提出任何令人信服的大陆移动机制。他认为它们穿过地壳或受到潮汐力的影响的观点受到了嘲笑。支持大陆漂移理论的地质证据在他去世 30 年后才开始出现。

声呐的发现

在第二次世界大战期间，美国地质学家哈里·哈蒙德·赫斯（Harry Hammond Hess）负责指挥一艘攻击运输船。他对海底的轮廓很感兴趣，当他的船在北太平洋航行时，他不断打开用来追踪潜艇的声呐，以绘制海底地图。声呐的工作原理是将声波从物体上反弹，利用回波返回所需的时间来计算与物体的距离。赫斯预计海底是平坦的，但却发现海底和陆地一样，有山脊、峡谷和山脉。进一步的研究发现了中大西洋山脊，山脉有时会上升到海平面以上形成岛屿（如亚述尔群岛和圣赫勒拿岛）。地球上海洋的最深处是靠近大陆的海沟。日本海岸附近的马里亚纳海沟水深超过 11 千米（6.8 英里）。

为了解释他的发现，赫斯提出海洋是从中间开始生成的。1962 年，赫斯在《海洋盆地的历史》中描述了一种机制，即在地壳很薄的海脊处，玄武岩熔岩从海底渗出，堆积在海脊旁边。热的新岩石比附近的冷岩石体积更大，这也解释了山脊的高度。当新岩石冷却时，它就会下沉。赫斯推断，海床不断地从它形成的海

洋中央移动到边缘。

靠近大陆块的深海槽是海底岩石被破坏和循环的地方。它被拉到大陆地壳之下，并在俯冲带熔化回地幔。俯冲释放出随熔化的海床被带下来的水，使岩浆的流动性更强，导致在俯冲带之外生成的火山频繁喷发。太平洋的“环火山带”有452座活火山。

赫斯的发现有两个显而易见的后果：一是海底的岩石一般比大陆陆地的岩石新，二是陆地可以在地球上缓慢移动——魏格纳提出的大陆漂移，但无法解释。赫斯的解释很简洁，但没有地质证据，它不太可能获得支持。幸运的是，在赫斯的书出版一年后，地质学的支持出现了。

海底的条纹

英国两位地质学家，弗雷德里克·瓦恩（Frederick Vine）和德拉蒙德·马修斯（Drummond Matthews）一直在研究海底岩石的磁化条纹。这些条形现象的产生是因为地球磁场在一定时间间隔内改变方向（称为地磁倒转），所以地磁北极会移向南极。在过去的2 000万年间，这种情况平均每20万年到30万年发生一次，尽管最后一次倒转发生在78万年前。（倒转可能需要持续数千年的时间，所以即使倒转看起来姗姗来迟，朝鲜也不会在一夜之间变成韩国，北美也不会变成南美）。

玄武岩从地幔中显露出来时是一种黏稠而缓慢的液体。它含有一种叫作磁铁矿的氧化铁，具有很强的磁性。磁铁矿在玄武岩中排列成南

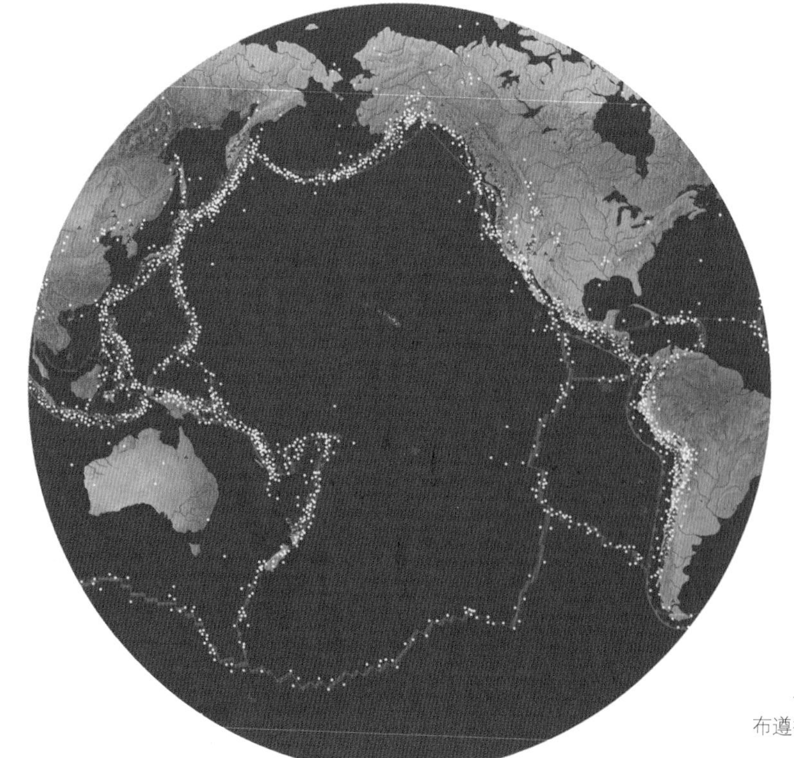

太平洋周围火山的分布遵循地壳板块的轮廓。

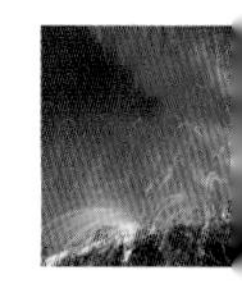

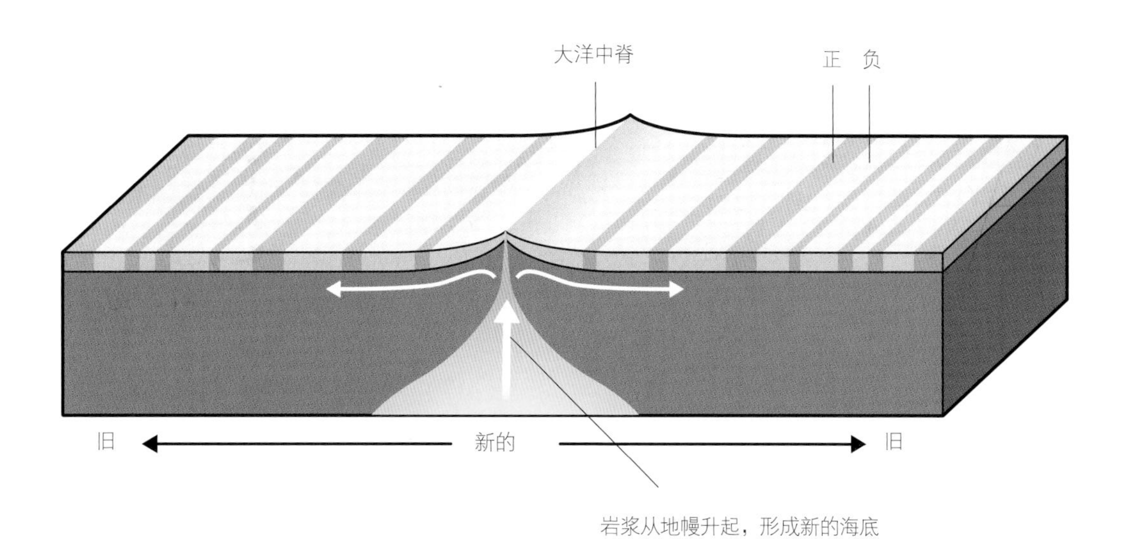

当新的玄武岩在海洋中部升起时，现有的海底就会分离，从而保存了地球磁场历史的记录。这里显示的是代表极性转换的淡蓝色和深蓝色条纹交替出现。

北方向，当玄武岩冷却时，磁铁矿就冻结在原地。这意味着它保存了地球在其形成时的地磁方向的记录。从海底岩石中不同方向的磁铁矿的条纹可以读出地磁随时间的逆转历史。瓦恩和德拉蒙德意识到，通过观察山脊周围的磁场模式，他们可以验证赫斯的理论。结果表明，大洋中脊周围的反转磁力模式是对称的，这说明新出现的玄武岩是分裂的，一半流向脊的两侧，当冻结在原地时，它显示出相同的模式。从海脊到海洋边缘，一段与之相匹配的磁极倒转历史出现了。

热点

虽然大陆漂移理论的声势越来越大，但仍有一些问题没有得到解答。一个明显的问题是，为什么一些火山和地震发生在远离海洋中部和大陆边界的爆发点。

1963年，加拿大地球物理学家约翰·图佐–威尔逊（John Tuzo–Wilson）揭示，地壳在地幔下面静止的“热点”上方移动。这些热点代表着上涌的岩浆，它们冲破地壳，随着时间的推移，形成了巨大的低地盾火山。当地壳在地幔上缓慢移动时，热点上方的区域在地质尺度上发生了变化。图佐–威尔逊的见解解释了火山山脉的存在，就像今天形成夏威夷群岛的那些山脉。

两年后，图佐–威尔逊解决了谜题的另一部分。到目前为止，只有两种边界——破坏性的和建设性的。破坏性（或会聚性）边界发生在海洋地壳和大陆地壳的交界处，在那里移动的海洋地壳被推入地幔并被俯冲破坏。构造性（或发散性）边界出现在裂谷处，例如，大洋中部的裂谷，在那里，板块分离，岩浆从下面涌出，形成新的岩石。图佐–威尔逊提出了一

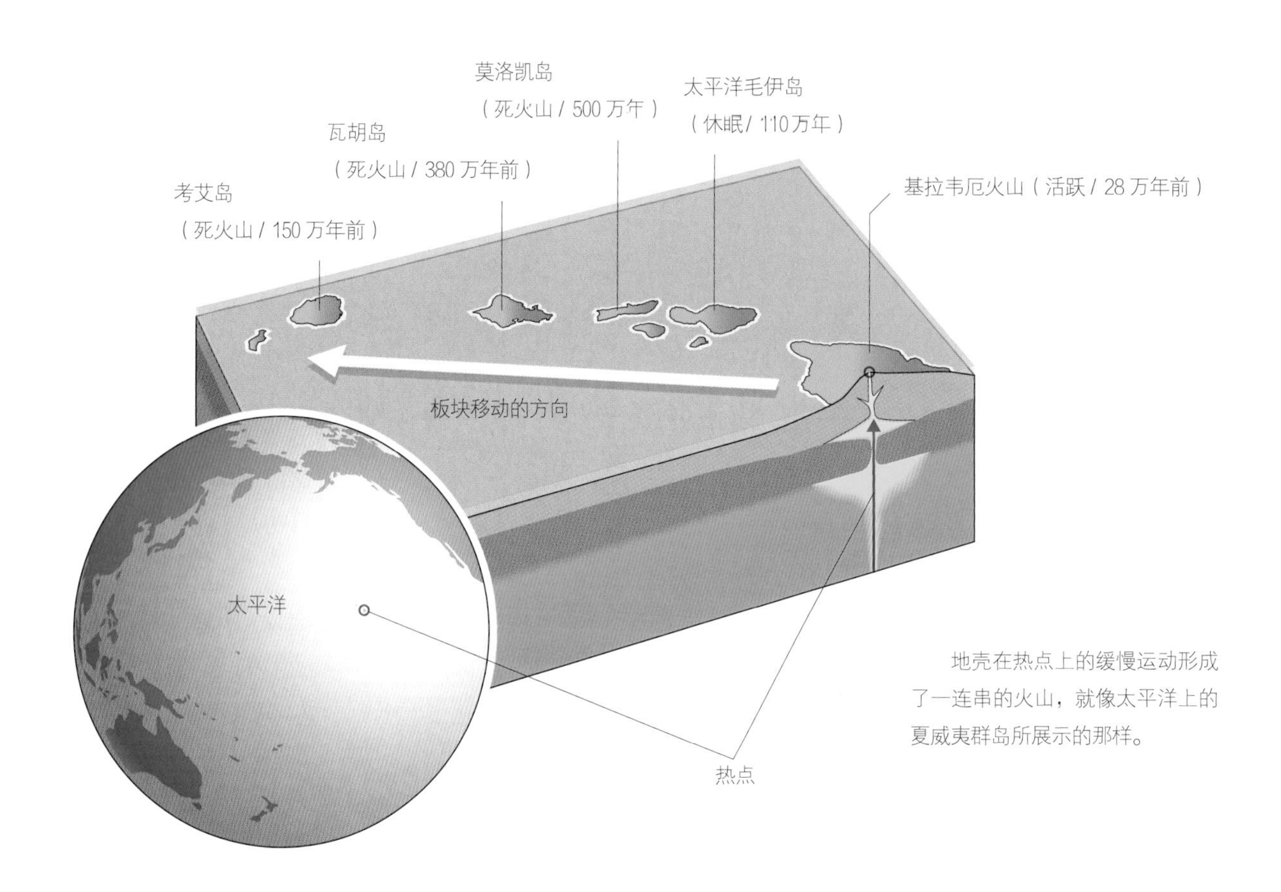

地壳在热点上的缓慢运动形成了一连串的火山，就像太平洋上的夏威夷群岛所展示的那样。

种新的类型，称为保守边界（或转换断层）。在这一点上，平行的地壳板块在相反的方向上相互滑动，没有任何破坏或创造。保守边界，如加利福尼亚的圣安德烈亚斯断层，往往是地震的发生地，因为在相互碰撞的地壳板块之间形成张力，当它们最终移动时，张力突然释放。

移动

虽然各个板块似乎都能很好地组合在一起，但地壳运动的原因仍然不清楚。后来，在1966年，英国地球物理学家丹·麦肯齐（Dan Mckenzie）将热力学应用于这一问题。他认为地幔有两层，每一层都以不同的方式移动。地壳漂浮在上地幔之上，并随之移动。1967年，美国地球物理学家詹森·摩根（W. Jason Morgan）提出了一个由12块地壳组成的模型。这些板块被称为构造板块，它们彼此相对移动。1968年，法国地质学家萨维尔·勒·皮雄（Xavier le Pichon）提出了一个包含六个构造板块的完整模型。

板块构造学：科学革命

在20世纪60年代，曾被嘲笑的阿尔弗雷德·魏格纳的大陆漂移理论被恢复为板块构造理论。这是地球科学最重要的发展之一，它用一个模型解释了地壳的形成和行为、地震和火山爆发等事件，以及造山、岩石和化石看似不合逻辑的分布、洋中脊和火山的位置。对板块

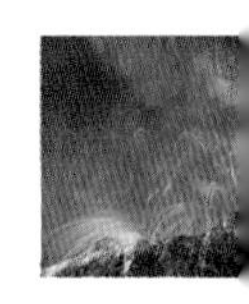

构造学说的认可一般要追溯到 1965 年，当时爱德华·布拉德（Edward Bullard）展示了在大西洋被封闭的情况下，大西洋东西两侧陆地的最佳适合度（“布拉德适合度”）。

目前的模型将地壳分为几个板块，这些板块由于下面岩浆中的对流而缓慢但不均匀地移动。这些板块相互冲撞、碰撞和摩擦，当它们分裂或黏合在一起时，偶尔会改变形状。

打破盘子

尽管板块构造模型现在已被广泛接受，但很难计算出地球早期发生了什么，或者当前的构造活动是什么时候开始的。由于海洋地壳不断循环，最古老的部分（靠近海岸的部分）只有大约 2 亿年。陆地上最古老的暴露的岩石无论大小都有近 40 亿年的历史。地质学家仍然不知道第一个大陆是什么时候形成的，地壳又是什么时候分裂成不同的构造板块的。模型显示，这些板块可能是在 30 亿年前形成的，但也可能要晚得多。很有可能地壳最初形成了一个单一的板块，这个板块包裹着整个地球，但对于它如何或何时破裂还没有被广泛接受的解释。

2012 年，一项对最古老岩石和矿物的同位素的研究表明，大约 30 亿年前，它们的组成发生了相当大的变化，这可能表明了构造运动开始的时间点。2015 年，俄罗斯－瑞士地球物理学家塔拉斯·格里亚（Taras Gerya）发表了模拟结果，结果显示当时地幔的温度比现在高 100℃ ~ 300℃。这将导致构造板块更弱、更容易破碎，所以也许 30 亿年前有更多的小板块。

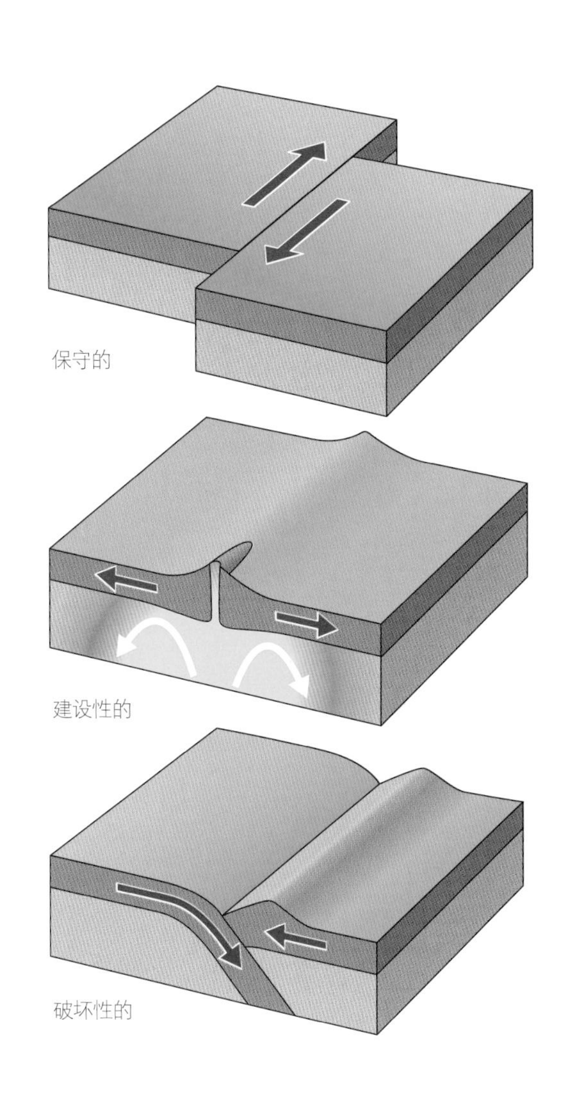

在保守的、建设性的和破坏性的板块边界处的构造板块运动。

爱德华·布拉德的电脑生成的“最适合”的由封闭的大西洋形成的超大陆。

但这样的安排怎么会导致持续的俯冲模式呢？伴随着俯冲，大洋地壳的前缘会在大陆板块下俯冲。要做到这一点，被拉下的板块必须保持其完整性以便将板块的其他部分也一起拖住。如果它太容易断裂，海底就不会持续向海岸移动。没有了海底的“拉力”，这个系统就会崩溃。关于俯冲是如何开始并持续不断地进行的谜题，仍然是地质理论和建模的一个挑战。

大陆漂移

当我们了解到板块运动是由俯冲所驱动时，这就解释了魏格纳的大陆漂移理论，此外，这还暗示了一种模式。随着时间的推移，不断扩张的海洋将所有承载陆地的板块聚集在一起，形成一个超大陆。然后，那块超大陆被另一条蔓延的裂缝带撕开，独立的大陆又出现了一段时间直到再次合并。

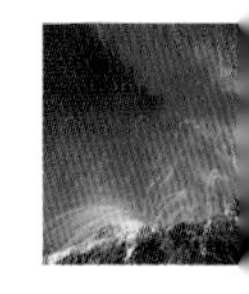

格陵兰岛西南部的伊苏亚绿岩带是由一些已知的最古老的岩石组成的世界。它的构造历史可以追溯到37亿～36亿年前。

地球断裂的表面

目前，地壳分为七个主要板块和几十个较小的板块。最大的板块是太平洋板块，估计面积为103 300 000平方千米（39 884 353平方英里）。海洋地壳有7～10千米（4～6英里）厚，而在山区大陆地壳厚度高达70千米（43英里）。海洋地壳主要由玄武岩构成，这些玄武岩从大洋中脊渗漏出来；密度较低的大陆地壳含有大量的花岗岩和安山岩。

板块在断层处交汇，断层通常是剧烈地质活动的地点。建设性和破坏性断层与火山有关；破坏性的断层和碰撞区也与造山有关。转换断层都与地震有关。

花岗岩形成了许多壮观的地质景观，比如美国优胜美地国家公园的悬崖。

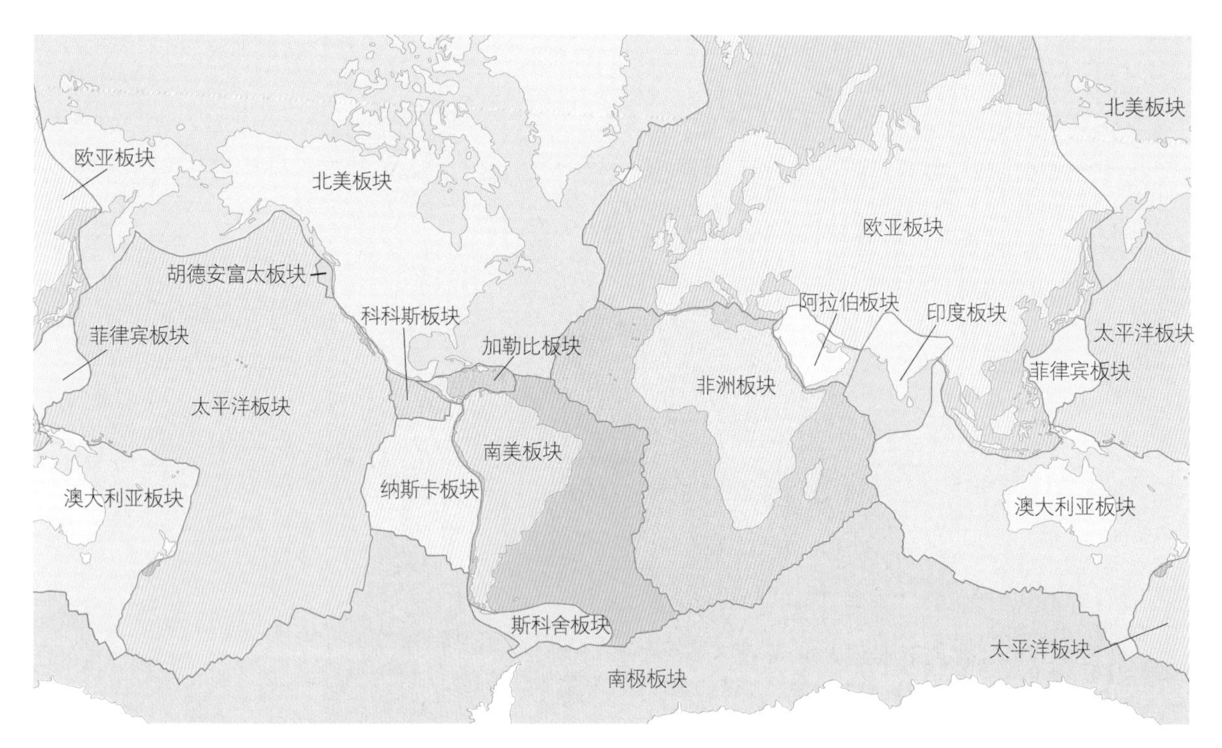

更大的构造板块以及它们与陆地和海洋的关系。

虽然陆地的边缘是动态的，吸收了新的物质并失去了一些岩石，但深入内陆的岩石是稳定的，基本不变。现在的大陆是由克拉通与其增生的环境组成的，其结果是拼凑在一起的，克拉通点缀在周围，它们的边缘由增生的岩石连接在一起（见 55 页）。

戏剧和破坏

大陆板块的移动非常缓慢，在人的一生中肯定不会被察觉。但是，构造运动也会产生更剧烈的往往是灾难性的自然事件，比如地震和火山爆发，灾变学家认为这与赫顿的缓慢进程相反。当然，我们现在知道，它们都是缓慢进程的结果。

毁灭性的地质事件可以轻易地杀死大量的人，摧毁城镇甚至整个文明。毁灭性的地质灾难自然会引起人们的敬畏和恐惧，几千年来，人们一直在努力解释它们。不可避免的是，最早的叙述将它们牢牢地置于神话的背景中，许多人相信这是愤怒的或报复的神的判罚降临的方式。

收集地震数据

在古希腊，亚里士多德试图对地震做出科学解释，他认为是地球内部的风导致地表震颤。他收集了有关地震的资料，并以此为基础提出了自己的理论。这不仅是他的原始科学方法的一个很好的例子，也是有记载的最早使用这种统计方法的例子——但这是错误的。

亚里士多德首先驳斥了先前的三个假说，对当代的思想做了一个有用的总结。他说，阿那克萨哥拉（Anaxagoras）认为，地下存在着

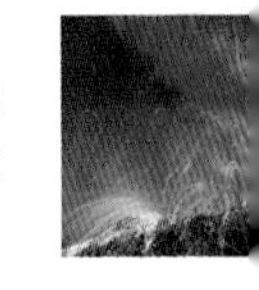

希腊阿提卡苏尼翁角的波塞冬神庙。波塞冬是古希腊神话中奥林匹亚的 12 个神之一，是海神和地震之神。

地震鲶鱼

在 18 世纪的日本，人们认为地震是由一条巨大的鲶鱼（Namazu）在日本群岛下面的泥中蠕动引起的。在传说中，鹿岛神用一块沉重的石头把鲶鱼推到地基上，让它保持不动。但如果鹿岛不注意，鱼就会扭动，造成严重破坏。在 19 世纪，鲶鱼的行为被认为是对人类贪婪的惩罚。鲶鱼的活动带来的灾难导致了日本的财富再分配。

以太（希腊人认为构成天堂的精炼物质）的小块；这些小块逃逸，在上下移动的过程中引起地震。亚里士多德认为这个说法“太原始而不需要反驳”，根据这个说法，在球体上存在“向上”运动的“以太”小块，它就无法解释为什么只有一些地区会发生地震。亚里士多德还驳斥了德谟克利特（Democritus）的说法：地震发生时，雨水落在已经饱和的土地上“强行渗透”，或者水突然从地下较湿润的地区涌向较干燥的地区。最后，亚里士多德反驳了阿那克西米尼（Anaximenes）的解释：地震的发生是由于干燥的地面破裂和压实，或者大雨破坏了地面的凝聚力。那么，亚里士多德问道，为什么地震的发生与一个地区的干旱或洪水的倾向不相吻合呢？这种将解释与观察到的细节相匹配的冲动，是寻求有效科学解释的重要步骤。

亚里士多德认为蒸发是地震的根源。他观察到雨水渗入地下，然后太阳和地球的热量导致它蒸发和逃逸。亚里士多德认为，这就产生了风，因为空气取代了蒸发的水。为了支持他的理论，他列举了在西西里等地面为“海绵状”的地方发生地震的频率作为证据。毫无疑问，西西里岛有海绵状的火山岩，但我们现在知道，地震（和岩石）是由构造活动产生的。亚

潮汐与地震的结合是由于逆风的存在。当震动大地的风没有完全成功地驱赶掉另一股风带来的海面，而是把海面推回，并在一个地方堆成一大团时，就会发生这种情况。在这种情况下，当这股风让路时，整个海洋在另一股风的推动下，将爆发出来，淹没陆地。

—— 亚里士多德，《论气象》

里士多德指出了地震和海啸之间的联系（见上方框），但也在地震发生的时间和一天的时间、天空的多云以及天气的其他方面之间建立了虚假的联系。

在亚里士多德提出他的理论之前，中国的编年史学家已经记录了近 2 000 年的地震。因此，中国拥有历史上最长的地震活动记录。当地抄书吏注意到，大多数记载是转瞬即逝的。最早的记录是在公元前 2300 年，上面写着“地震和泉水喷涌”。公元 977 年，中国的地震数据被收集在一份文本中，列出了公元前 1100 年至公元 618 年之间的 45 次地震。

张衡认为地震的主要原因是风，这是一种自然的快速和流动的元素。只要它没有被搅动，而是潜伏在一个空的空间里，它就无害地休息，不给它周围的物体带来麻烦。但是任何来自外部的原因都会唤醒风，或压缩风，并把风驱赶到一个狭窄的空间里……当逃脱的机会被切断时，“山岭就会发出低沉的吼声，风环绕着障碍咆哮”，经过长时间的攻击后，风就会把障碍抛向高处，障碍越强，与之争斗的风就会变得越凶猛。

—— 张衡，公元 132 年

地震监测方面最重要的一项工作发生在公元 2 世纪，博学的张衡（公元 79—139 年）发明了第一台地动仪，这是一种探测远距离地震的仪器。不过他的地动仪没有留存下来，也没有详细的图纸，他对地动仪的描述让后人复原了几次。

对地震的一个解释

这份文本收集的数据揭示了一些地区比其他地区更容易发生地震，但它并没有揭示地震的原因或使人们能够预测地震。事实上，我们仍然不能很好地预测地震。

1910 年，美国地震学家向现代科学理解迈出了第一步，哈里 · 菲尔丁 · 里德（Harry Fielding Reid）在仔细研究 1906 年旧金山的灾难性地震后，提出了“弹性反弹理论”。他认为地震发生时，能量已经沿着断层线积聚并突

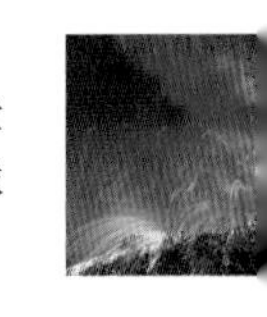

张衡巧妙而华丽的地动仪指明了地震的方向。八个龙头围绕着青铜器的四周排列，每个龙头的下颚都衔着一个球。龙头与曲柄和直角杠杆相连。当地震发生时，机械装置就会带动曲柄工作，使其中一条龙的球掉进下面的青铜蟾蜍口中，显示地震冲击的方向。

然释放。这仍然是我们对转换断层（如加利福尼亚的圣安德烈亚斯断层）地震的认识的基础。

内外燃烧的火

火山是另一种主要的构造灾难，它很容易解释为上帝和位于地球内部的地狱。罗马诗人维吉尔（Virgil）曾写道，巨人恩克拉多斯（Enceladus）就埋在下面。西西里岛的埃特纳火山爆发是对忤逆众神的惩罚。据说，当这座山隆隆作响时，恩克拉多斯在痛苦中大声哭泣；从火山口喷出的火焰是他的呼吸，当他摇动监狱的铁栏时，山周围的土地也在颤动。另一个巨人弥玛斯（Mimas），据说被埋在意大利南部那不勒斯附近的维苏威火山下。

火山爆发往往是毁灭性的意外。许多火山休眠了几百年甚至几千年，所以火山喷发似乎

1906 年，旧金山发生了一场 7.9 级的毁灭性地震，造成 3 000 人死亡。这张照片显示了地震后东街的一条裂缝。一辆马车因该地区的侧向扩张而在滨水区附近的道路上跌落裂缝。

最严重的地震

虽然我们现在可以测量地震的强度并进行定量比较，但很难重现遥远过去的地震。

衡量历史上一次地震的严重程度的一个指标是伤亡人数。显然，这不是一个非常科学的措施：如果地震发生在无人居住的地区，很少人会死亡，而如果地震发生在城市，则会有很多人死亡。

在圣安德烈亚斯断层，北美板块沿着 1 200 ~ 1 300 千米（750 ~ 810 英里）的构造边界与太平洋板块摩擦。

排名	发生地点	时间	死亡人数	级数
1	印度尼西亚 苏门答腊岛	2004 年 12 月 26 日	227 898	9.1
2	中国陕西省	1556 年 1 月 23 日	83 0000	8
3	中国唐山	1976 年 7 月 27 日	255 000（官方） 655 000（非官方）	7.5
4	海地	2010 年 1 月 2 日	222 570	7
5	叙利亚阿勒颇	1138 年 8 月 9 日	230 000	未知

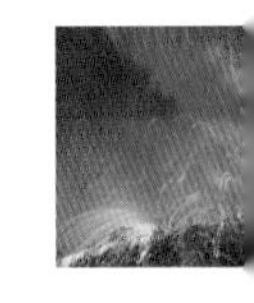

是无缘无故的。火山土壤通常非常肥沃，所以人类定居点经常在其附近发展起来。公元79年，维苏威火山的爆发摧毁了庞贝和赫库兰尼姆的城镇，学者小普林尼（Pliny）写道："许多人祈求众神的帮助，但更多的人认为上帝已经不复存在，宇宙将永远陷入无尽的黑暗。"

火房

1638年，阿塔纳修斯·基歇尔冒险进入维苏威火山火山口调查并测量温度——这是一项危险的任务，因为火山正处于喷发阶段，而且仍然很热。基歇尔对火山的解释成为他的地球内部理论的一部分。

基歇尔认为地球的内部包含了一系列相连的火房或pyrophylacia。最大和最重要的火房位于地球的中心，是地狱的所在地——这是地质学和宗教的惊人结合。他认为在那不勒斯西部的一座超级火山坎皮佛莱格瑞（Phlegraean）附近的一座修道院里，修道士们可以听到地下罪人的呻吟声。

《炼狱》这幅图对维苏威火山喷发的描绘显示了公元79年火山喷发的样子。火山有不同的类型，但是每座火山的爆发相似，甚至在很长时间内都很像。

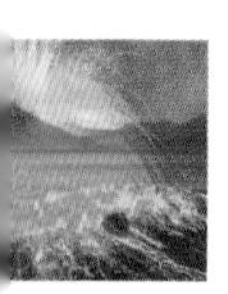

半夜里，我沿着崎岖的小路艰难爬山。当我到达火山口时，可怕的是，我看到火山口全部被火点燃了，硫磺和燃烧的沥青的气味令人难以忍受。我被这种闻所未闻的景象震撼了，我相信自己正在凝视死亡的国度，看到了魔鬼们可怕的幻影，也看到了可怕的山体在呻吟和摇晃，闻到了难以解释的恶臭，山底和山体两侧不断从 11 个不同的地方吐出的黑烟混杂着火球，有时逼得我自己吐出来。

……黎明时分，我决定努力探索这座山的整个内部构造。我选了一个安全的地方，在那里可以找到一个稳固的立足点，然后下到一块巨大的岩石上。岩石的表面很平坦，从山坡上可以进去。我在那里设置了我的经纬测角仪，并测量了这座山的尺寸。

——阿塔纳修斯·基歇尔，1664 年

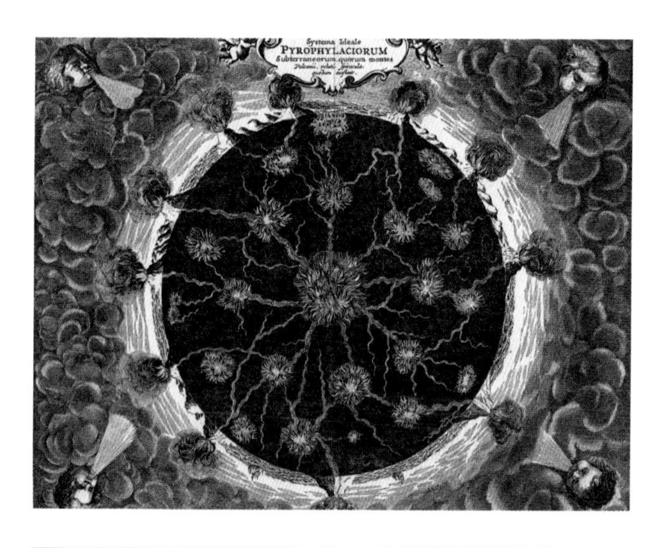

左上角：基歇尔对地球内部与火室相联系的概念。

左下角：坎皮佛莱格瑞地区是意大利靠近那不勒斯的一个火山活跃地区。它有炽热的地面和散发硫磺臭味的喷气孔，不断地释放出热气。罗马诗人维吉尔写道："在与众神的战争中战败的巨人们的血，流到了坎皮佛莱格瑞的田野上。"

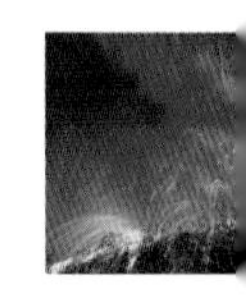

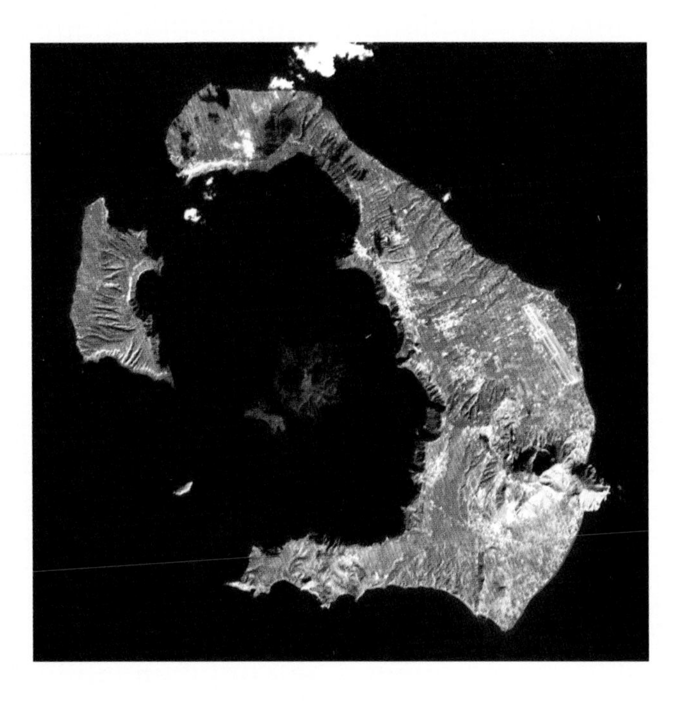

神秘的破坏

米诺斯火山爆发发生在公元前 1642 年至公元前 1540 年之间，摧毁了阿克罗蒂里岛（圣托里尼岛）的一部分，可能终结了米诺斯文明。这是人类历史上最大的火山喷发之一，强度达到 6 或 7 级，并引发了高达 150 米（492 英尺）的海啸。在数十万年的时间里，这座火山已经数次创造和毁灭了自己。

今天，圣托里尼岛的形状特征是一个充满海水的火山口，火山口上有一圈岩石。岛屿的毁灭（还不确定）与柏拉图关于失落的亚特兰蒂斯城的描述联系在一起。远在中国就有与火山喷发有关的事件记载，用白话文描述就是出现了“黄色的青蛙、昏暗的太阳、三个太阳、七月结霜和五谷凋零”，之后夏朝在公元前 1618 年灭亡。

基歇尔认为，在创世第三天，当上帝把陆地和海洋分开时，他在地球上创造了一些室，称为“地宫”。这些室有三种类型：火室、气室和水室。他认为另一种类型的室包含了“创造性法则”，使地下的矿物得以生长。

基歇尔认为，水室位于山脚下，为泉水和河流提供了水源。由于水源是有限的，他认为地球上的水在旋涡处被吸回水室，比如挪威大旋涡，然后又被流回到河流和小溪。他认为最大和最重要的旋涡位于两极。根据他的模型，所有的水室都是连在一起的，潮汐的压力就像一个风箱，迫使水流过地下的沟渠，形成泉水，补充湖泊和海洋。

水在地球内部流动，滋养了晶体和矿物

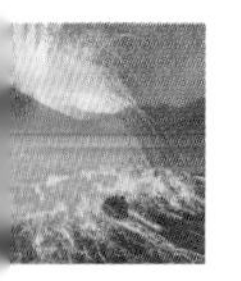

质的生长。基歇尔认为山脉构成了地球的结构骨架。

16 世纪和 17 世纪的其他观点包括：火山以沥青、焦油和硫磺的形式将地球上的废物就像眼泪和排泄物一样排出（约翰内斯·开普勒），当太阳光线穿透地球的三层（这三层按顺序是空气、水和炽热的深处）结构时就会形成火山（勒内·笛卡儿），以及在压力下引起喷发的蒸汽（阿格里科拉）。

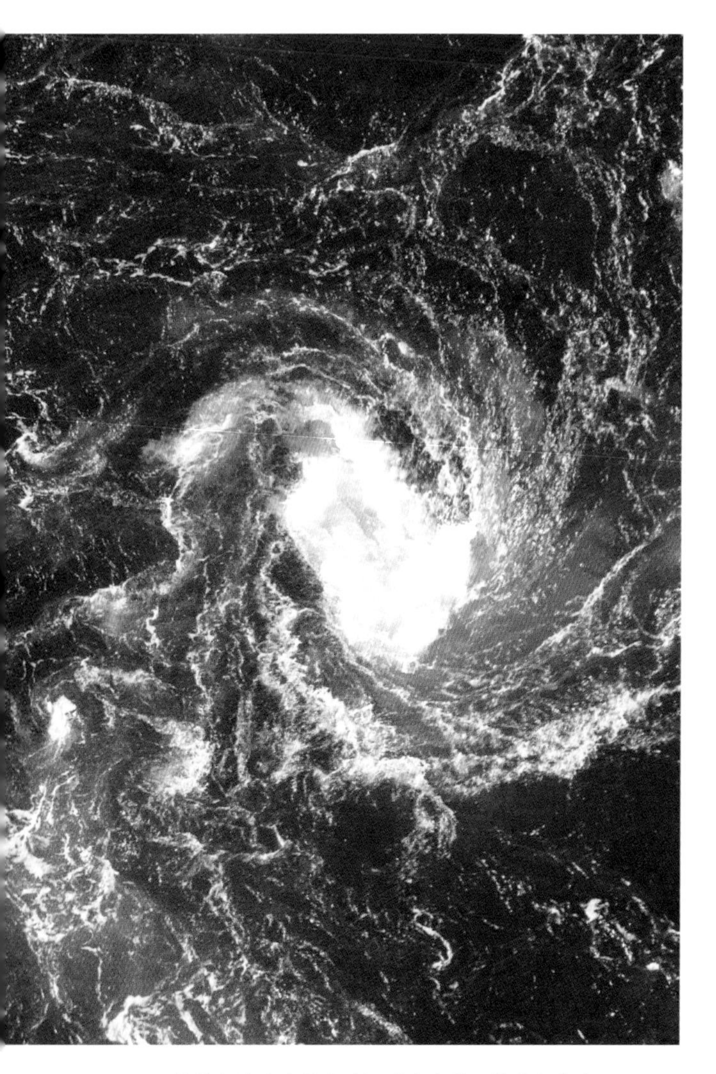

基歇尔认为水是通过挪威海岸附近的萨尔特流（Saltstraumen）旋涡重新进入地球的。

形成火山

苏格兰地质学家查尔斯·莱尔首先提出火山是慢慢形成的，他称之为“后备创造”。传统观点认为，火山是快速动荡的结果。事实上，有些火山爆发得很快，有些则很慢。

大型火山主要有两种类型：

成层火山或复合火山是陡峭的火山，产生厚厚的熔岩和火成岩流（一种快速流动的、过热的灰烬、岩石、灰尘和蒸汽的混合物）。火山锥是由火山灰和以前喷发的硬化熔岩层构成的。成层火山发生在俯冲带附近，喷发频率不高，但很猛烈。有时，在成层火山的侧面会生长出被称为火山渣锥（cinder cone）的小型快速生长的火山。著名的成层火山包括圣海伦山和维苏威火山。

盾状火山又低又浅，有平缓倾斜的侧面。它们经常喷发，但不是爆炸性的，会产生流动的熔岩，在冷却之前流过地面。它们发生在热点和建设性边界。夏威夷的火山是盾状火山。

一些火山的喷发在火山爆发指数（VEI）上达到了 8 级（最高的）。这描述了火山爆发释放出至少 1 000 立方千米（240 立方英里）的沉积物。这些超级火山一般没有火山丘（通常是一个洼地），很难辨认。它们很少爆发——最近的一次是发生在 26 500 年前新西兰陶波火山的奥鲁阿努伊（Oruanui）爆发。[1]美国黄石公园下的超级火山最近一次大爆发是在 64 万年前。

①编者注：最近一次于公元 230 年爆发。当时澳大利亚土著居民亲眼目睹了这次爆发的威力。

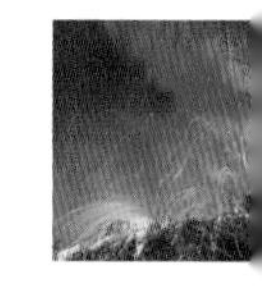

由火铸造

火山爆发会对环境产生巨大的影响，影响岩石、大气和生物世界。火山喷发与地球历史上一些最具破坏性的大灭绝事件有关（见第168~170页），但它们也塑造了景观和气候。

2017年，加拿大和俄罗斯的地质学家建立了一个关于地球上最具灾难性火山爆发的数据库。他们发现了一些可以追溯到20亿多年前的熔岩，并绘制出了每个熔岩流的范围。

这些火山爆发改变了世界。其中一个发生在2.52亿年前的西伯利亚，与最严重的灭绝事件有关，那次事件导致90%的物种灭绝（见

无中生有的火山

1943年，火山渣锥帕拉库廷（Paricutín）出现在墨西哥一个农民的玉米田里。前几天，当地人听到了低沉的隆隆声，就像雷声，这表明深层地震的发生。其中有300个低烈度地震发生在火山开始出现的前一天。当地农民迪奥尼西奥·普利多（Dionisio Pulido）看着一个土堆从他田地的裂缝中升起。第一次出现是在下午4点，傍晚时火焰已经喷射到800米（2 625英尺）高的空中。一周后，在普利多的土地上堆积了100～150米（328～492英尺）高的岩石和火山灰。火山灰、熔岩流和半熔化的岩石块如雨点般落在该地区，迫使当地居民不得不撤离帕拉库廷和圣胡安镇。这些城镇最终被熔岩掩埋，不再见天日。这个火山渣锥在8个月内长到365米（1 197英尺）高。

帕拉库廷附近的圣胡安－帕兰加里库蒂罗教堂被困在凝固的熔岩海中。

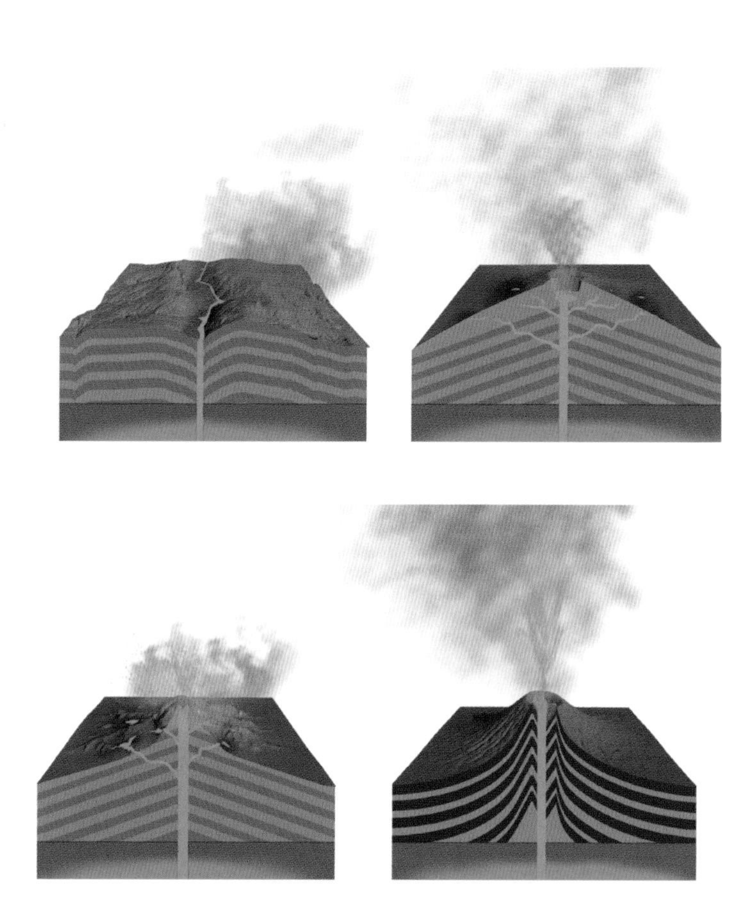

左起：熔岩通过裂缝喷口在分离的构造板块之间逸出；快速流动的熔岩流形成盾形火山的层状；缓慢流动的熔岩形成陡峭的带有喷口的块状“穹顶”（熔岩穹顶）；以及一个会发生爆炸性喷发，其中熔岩与火山灰交织在一起的锥形火山（成层火山）。每座火山的岩浆室都可以在底部看到一部分。

168 页）。虽然这些火山留下的熔岩大部分已经被侵蚀掉了，但岩堤群仍然是证据。这些是熔岩从火山主喉部扩散出去的通道。火山爆发的年代是通过对这些残留物进行铀铅放射性年代测定确定的。

巨大的火山喷发可以持续数百万年，在此期间倾泻出超过 100 万立方千米的熔岩。它们似乎每 2 000 万年发生一次（最近一次是 1 700 万年前）。

火山下

大规模的火山爆发使陆地充满了数千米厚的玄武岩熔岩。比如 2.52 亿年前在俄罗斯北部的西伯利亚地陷和 6 600 万年前在印度的德干地陷。这些火山喷发改变了土地的地质结构，不仅仅是覆盖了一层新的岩石，而是改变了已经存在的岩石。巨石被熔岩流带走，但更重要的是，现有的岩石被火山喷发或熔岩流的热量烘烤。沉积岩会发生化学变化，变成变质岩。例如，火山热烘烤石灰岩时，会使其变成大理石。火山的热量也可以燃烧地下的泥炭和煤。

冷热变化

2017 年的计算机模型显示，在西伯利亚火山爆发的高峰时期，猛烈的火山喷发释放出的高温气体可能使全球气温上升了 7 摄氏度。但是温度很快就会下降，因为阳光被高空的火山灰和灰尘阻挡。这个过程最近一次被看到是在

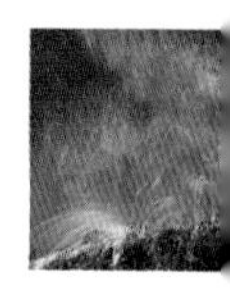

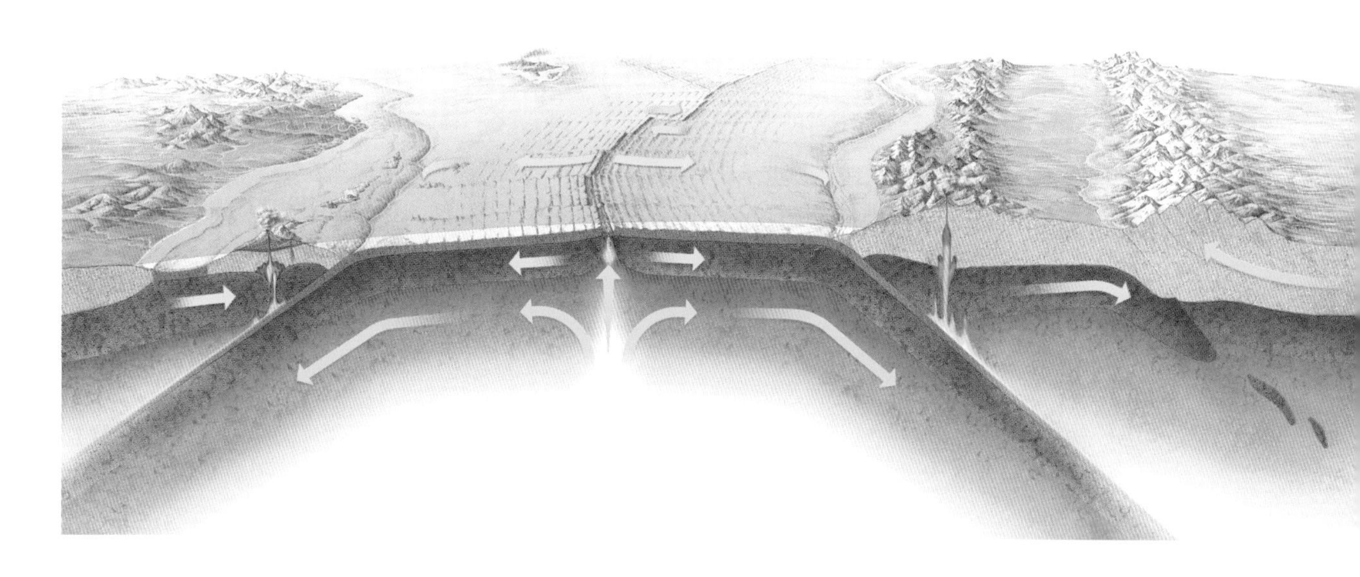

海洋盆地周围的构造活动包括新岩石在洋中脊的出现和老岩石在海岸附近的俯冲。左边的俯冲带是近海的，右边的是沿海的。大陆地壳（浅褐色）和大洋地壳（蓝色）位于较重的岩石（紫色）之上，拖着地壳一起缓慢移动。俯冲的岩石熔化，并沿俯冲带为火山提供原料，俯冲将海底拉向海岸。随着新的岩石在海洋中部的出现，推动了海底扩张和大陆漂移。

1816 年的“没有夏天的一年”，那是在印度尼西亚坦博拉火山爆发之后（见 108 页的方框）。火山灰和二氧化硫被雨水很快地冲刷出大气层。但是含有溶解硫的雨水是酸性的，有其自身的影响。大规模喷发的长期影响是气候变暖。当沉积岩被烘烤时，岩石中的有机物释放出甲烷，不含有机物的碳酸盐岩释放出二氧化碳。大规模的火山喷发还会释放出二氧化碳、岩浆和卤素，破坏臭氧层，并让来自太阳的有害辐射穿透大气层。火山爆发后的酸雨溶解了碳酸盐岩，释放出更多的二氧化碳。

造山运动

并不是所有的山都是火山，有的是由地下的岩浆形成的。有许多山是由已经很坚固的岩石创造的。这发生在两个大陆板块碰撞的破坏性断层。巨大的喜马拉雅山、阿尔卑斯山脉和安第斯山脉就是这样形成的。

“要是哪座火山山峰的灰烬被抛得那么高，它们就散布到世界各地吗？

“日复一日，在许多血红色的夜晚……愤怒的日落怒视着。”

以上句子摘自阿尔弗雷德·丁尼生勋爵（Alfred Lord Tennyson）的《圣忒勒马科斯》，其发表于 1892 年，描写的是 1883 年喀拉喀托火山爆发造成的灿烂日落。

造山的机制

大陆之间的碰撞从被海洋隔开以及当海洋不再扩张后开始。海洋地壳俯冲到其中一个板块之下，使火山在俯冲带之外的一定距离升起。但当所有的海洋地壳都被俯冲下来，只剩下较轻的大陆地壳时，俯冲就变得更加困难了。大陆地壳比地幔轻，而且俯冲进去的速度要慢得多。它不再为火山提供原料，火山干涸，地壳在碰撞带弯曲堆积。顶部的板块被向上推，在板块相互移动时折叠和变形。

没有夏天的一年

1815 年坦博拉火山爆发摧毁了松巴哇岛。

有记录以来最大的一次火山喷发发生在 1815 年。印度尼西亚松巴哇岛的坦博拉火山向空气中喷射了大量的火山灰，遮住了阳光。火山灰上升到平流层，并被带到世界各地，造成灾难性的降温。这一年，纽约 6 月就下雪了；在加拿大魁北克外，积雪有 30 厘米（12 英寸）深。农作物因缺乏阳光而死亡，家畜饿死的不计其数，饥荒和疾病在弱势群体中蔓延。在中国和印度，季风系统的中断造成了灾难性的洪水，接下来的冬天非常严酷，影响了一年的收成。

这次火山爆发甚至可能促成了自行车的发明。当时对运输至关重要的马匹以燕麦为饲料。这种谷物的全球短缺可能激发了德国发明家卡尔·冯·德雷斯（Karl Von Drais）男爵在 1817 年研究出一种不用马运输的方法。

汇聚板块边缘的岩石首先受到挤压。施加在岩石上的巨大的压力改变了它们，产生变质岩。在俯冲和压力的热量融化岩石的地方，熔化的岩石不会从火山中升起，而是冻结在上面的岩石中，形成块状的侵入性火成岩，称为深成岩。变质作用也发生在深成岩附近，它们的热量烘烤着相邻的岩石。总之，这些过程产生的丰富的岩石和岩石的不同结构讲述了山脉是如何形成的。

与此同时，靠近地表的岩石起皱，就像一块布推过桌子，形成了皱纹和褶皱。当进一步的压力不能被褶皱吸收时，就会出现断层：岩石断裂，板块被推开。褶皱层是连续的弯曲的。在断层处，地层是不连续的，因为整个板块的分裂和移动。其结果就是在山上看到的岩层的奇怪排列。最后，岩石层有时会变成垂直的，经常会出现异常复杂的褶皱和明显的断层。

在板块被挤压在一起的地方，地壳会变厚，不仅把山体推高，还把地壳的下缘加厚，使山体有了深深的“根”。山脉很重——它们压下地壳，在山脉的外部边缘形成一个凹陷。随着时间的推移，这里充满了山的风化和侵蚀产生的沉积物，并形成了沉积盆地。或者，沉积物被冰川、小溪和河流带到冲积平原和三角洲。

只要板块挤压在一起，山脉就会缓慢生长。当板块运动的方向发生变化时，山脉就会像一道疤痕一样，从大陆地块的中间穿过。

撕裂

当陆地在大陆裂缝处撕裂时，在岩浆可以涌出的薄壳处出现火山，甚至非火山山脉也能在裂缝处形成。板块拉开的力量会使巨大的地壳板块破裂，导致部分地表下降，形成凹陷或“裂缝”。

通过骑跨印度板块，欧亚板块（右）形成了喜马拉雅山。

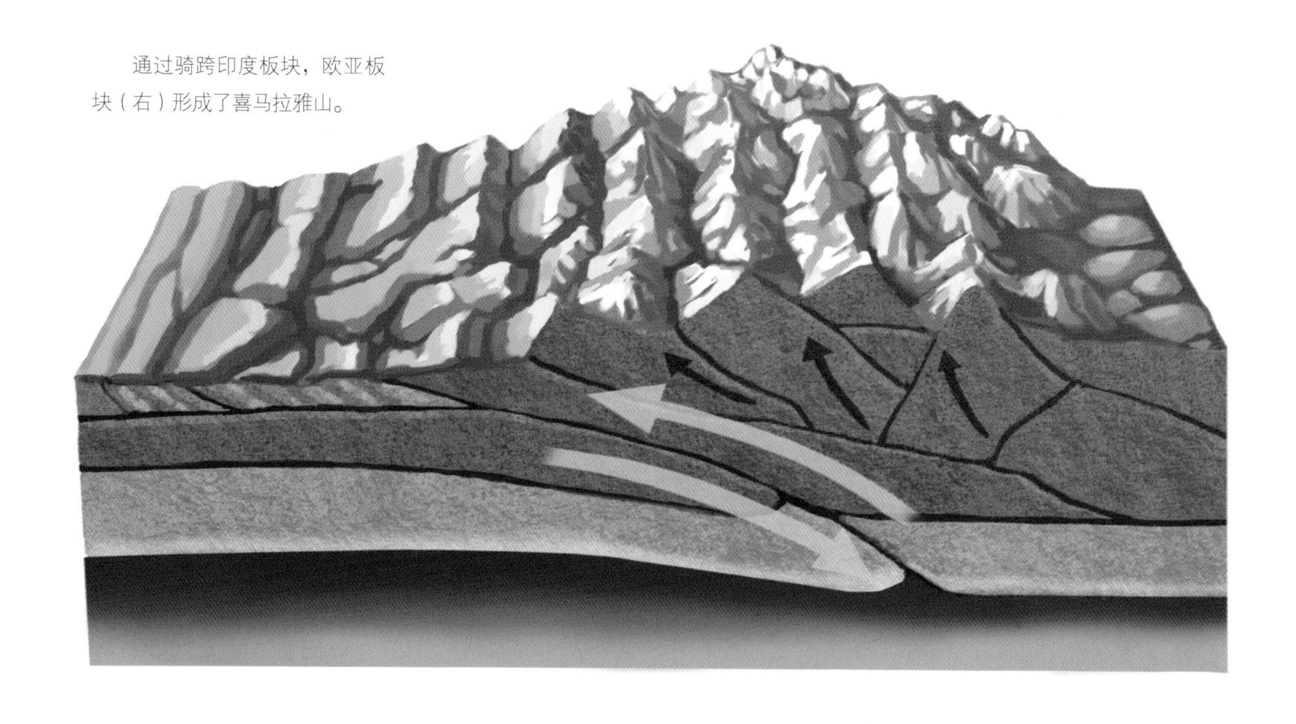

高度下降

山体建设完成后，就开始受到风化和侵蚀的影响而被磨损，但这并不是一个简单的高度下降的问题。山体是一块沉重的岩石，它使岩石圈变形，使其下沉到山体底部的地幔中。随着体积的消除，山体变轻，岩石圈回升时，会有一定的反弹。虽然被风化磨平的地方可能不那么尖锐，但山体可能和岩石圈回升前一样高，或者几乎一样高。山体的风化移除是一个缓慢的过程。位于南非和埃斯瓦蒂尼王国（原斯威士兰）边境的玛空瓦山（Makhonjwa）已经有35亿年的历史，但最高峰仍有1 800米（5 900英尺）高。

埃塞俄比亚的东非大裂谷。残存的断裂的地壳板块形成了块状山脉。

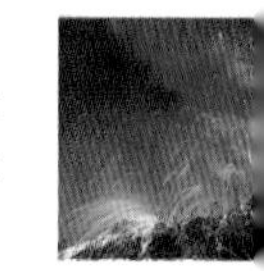

中国张掖丹霞国家公园彩虹山的绚丽色彩是由砂岩中的氧化物产生的。最初处于水平位置的岩层在山脉形成时因断层作用而呈一定角度倾斜。

看山脉的生长

除了一些快速形成的火山，如帕里库廷火山，其他山脉生长得太慢，即使经过几个世纪，我们也无法注意到它们。但 GPS 系统可以精确到几毫米（约 1/12 英寸）以内，现在地质学家可以测量山脉在造山过程中的水平窄化和垂直增长。测量结果显示，安第斯山脉每年缩小 2 厘米（0.8 英寸），垂直方向增加 2 毫米（0.08 英寸）。这意味着自 500 年前阿兹特克文明消亡以来，它们已经长了 1 米多一点。

加勒比海毕比热液喷口区域的海葵。地球上的生命可能开始于这样的地方。

第六章

生命改变了一切

无边波涛下的有机生命在海洋的珍珠洞穴中诞生和哺育。最初的形态是微小的，在球形玻璃上是看不见的，它们在泥土上移动，或穿透水面；这些新的生命，随着一代又一代的绽放，获得并演化出更大的四肢；无数的植被群从这里诞生，成为有鳍、脚和翅膀的生物，这是一个生机勃勃的王国。

——伊拉斯谟·达尔文（Erasmus Darwin），《自然神庙》，1802 年

与太阳系的其他行星不同，地球是丰富多样生命形式的家园。虽然我们不能确定我们所有的行星邻居都是无生命的，但我们知道，地球上的生命帮助塑造了我们生活的星球。

第一个生命

地球上的生命始于有机（含碳）化学物质，在适当的条件下，这些化学物质可以自我复制。

构建生物所必需的碳基分子通常被称为“前生命（prebiotic）”。它们包括氨基酸，这是蛋白质的组成部分。在适当的条件下，前生命分子可以由在地球和宇宙其他地方大量发现的元素组成：碳、氢、氮和氧。前生命分子可能是在地球上热水池的高温条件下，由于雷击，或在海底火山喷口中产生的。或者，它们可能是由来自火星或其他地方的陨石（甚至是来自太阳系外的陨石）运送到地球的。它们也可能是自产和引入的前生命分子的混合体。

如果前生命分子可以在流星上穿过太空，它们就可以在地球之外的许多环境中播撒种子。同样，如果它们在地球上合适的条件下很容易出现，那么在其他地方也可能同样容易出现。

无中生有的生命

许多世纪以来，人们相信某些形式的生命可以从无生命的物质中产生——这种模式现在被称为自发产生。它被用来解释食物腐烂后如

对于动物来说，有些是根据它们的种类从亲本动物中产生的，其他动物则是自发地生长，而不是从亲缘种群中生长出来。在这些自发生成的实例中，有些来自腐烂的泥土或植物，就像一些昆虫一样，而另一些则是在动物体内几个器官的分泌物中自发产生的。

——亚里士多德，
《论动物的历史》，第五卷，第一部分

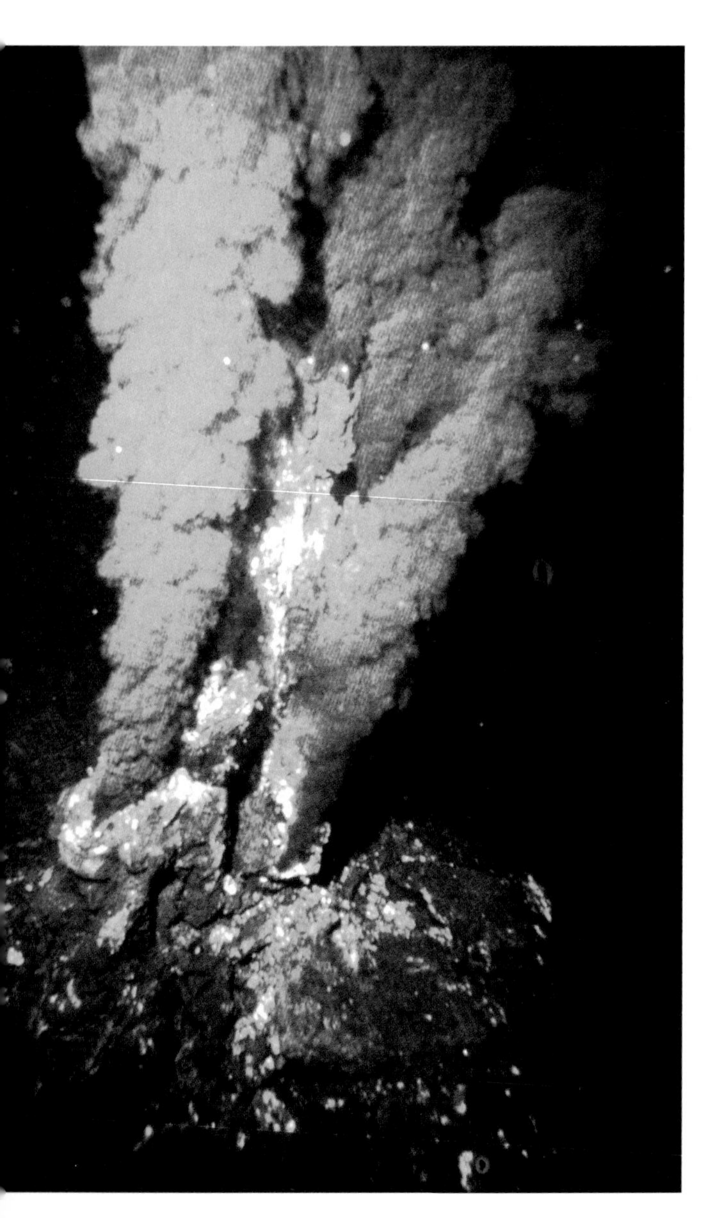

像大西洋这样的热液喷口产生了富含矿物质的温暖海底环境。这是一个简单生命可以茁壮成长的环境。

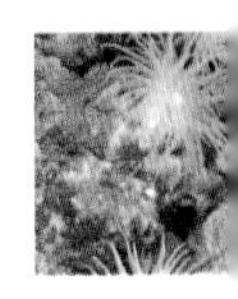

何滋生蛆虫，或者老鼠如何出现在玉米容器里。

1668年，意大利医生弗朗西斯科·雷迪（Francesco Redi）证明，只有苍蝇能接触到肉时，肉里才会出现蛆，这对自然生成理论提出了挑战。尽管如此，在1809年，法国生物学家让－巴蒂斯特·德·拉马克（Jean-Baptiste de Lamarck）仍然提出："大自然通过热、光、电和湿气，在每个生物王国的末端促成直接或自发的产生，在那里会出现最简单的生物。"

1871年，达尔文更明确地提出了："如果（哦，多么大的如果）我们可以设想一下，在一个温暖的小池塘里，有各种各样的氨和磷酸盐、光、热、电存在着，一种蛋白质化合物通过化学方式形成，准备好经受更复杂的变化。"

在显微镜下

1922年，俄罗斯生物化学家亚历山大·欧帕林（Alexander Oparin）提出了一个基本的建议：生命和非生命物质之间没有物质上的区别，生命依赖于分子的化学行为。木星大气中甲烷的发现使他认为早期的地球有一种强烈的还原性大气（在这种大气中不发生氧化）。他认为早期的大气可能含有甲烷、氨、氢和水蒸气，这些可能为生命提供了基石。欧帕林提出存在一个从最简单的有机分子开始，逐渐形成更复杂的系统的过程，可能是从凝聚层（coacervate）发展而来（见下面的方框）。

欧帕林认为，无生命发生（来自无生命物质的生命）是由一种偶然的化学混合物产生的。

营养物质　亲水头部　疏水尾

一个囊泡，有一个孤立的内部环境。

内部结构

凝聚层是自发形成的微观液滴，可以隔离内部环境。它们内部有胶团，这是由分子形成的球，这些分子有一个疏水（避开水）部分和一个亲水（接近水）部分。在水中，疏水部分与亲水部分在球的外面聚集在一起。凝聚层可以结合形成囊泡——有两层分子围绕空腔形成壁的小球。分子的疏水端位于壁面内侧，亲水端构成内外表面。囊泡可以在中心空腔中隔离出一个内部环境，它可以变得与外部环境不同。

他的发现在1929年得到了美国生物学家约翰·霍尔丹（John Haldane）的证实，他说，这些成分“积累到原始海洋达到热稀汤的浓度”。这种早期的、具有生命力的化学混合物通常被称为“原始汤”。

做一锅汤

1953年，芝加哥大学的研究生斯坦利·米勒（Stanley Miller）和他的教授哈罗德·尤里着手重建早期地球的环境。

从欧帕林提出的富含水、甲烷、氨和氢的大气开始，他们在一个密封系统中结合了这种混合物。然后，他们加热了他们制造的“海洋”来复制早期的大气，并将气体和蒸汽暴露在一股电火花中，以模拟早期地球上常见的雷击。他们冷却和凝结了大气，让它“降雨”回“海洋”。仅仅一周后，10% ~ 15%的碳产生了有机化合物，还有2%是以氨基酸的形式存在的。“海洋”还含有制造RNA和DNA所需的嘌呤和嘧啶，这些化学物质携带着生命的遗传密码。

1961年，胡安·奥罗（Juan Oro）发现他可以用氰化氢和溶解在水中的氨水生产氨基酸，

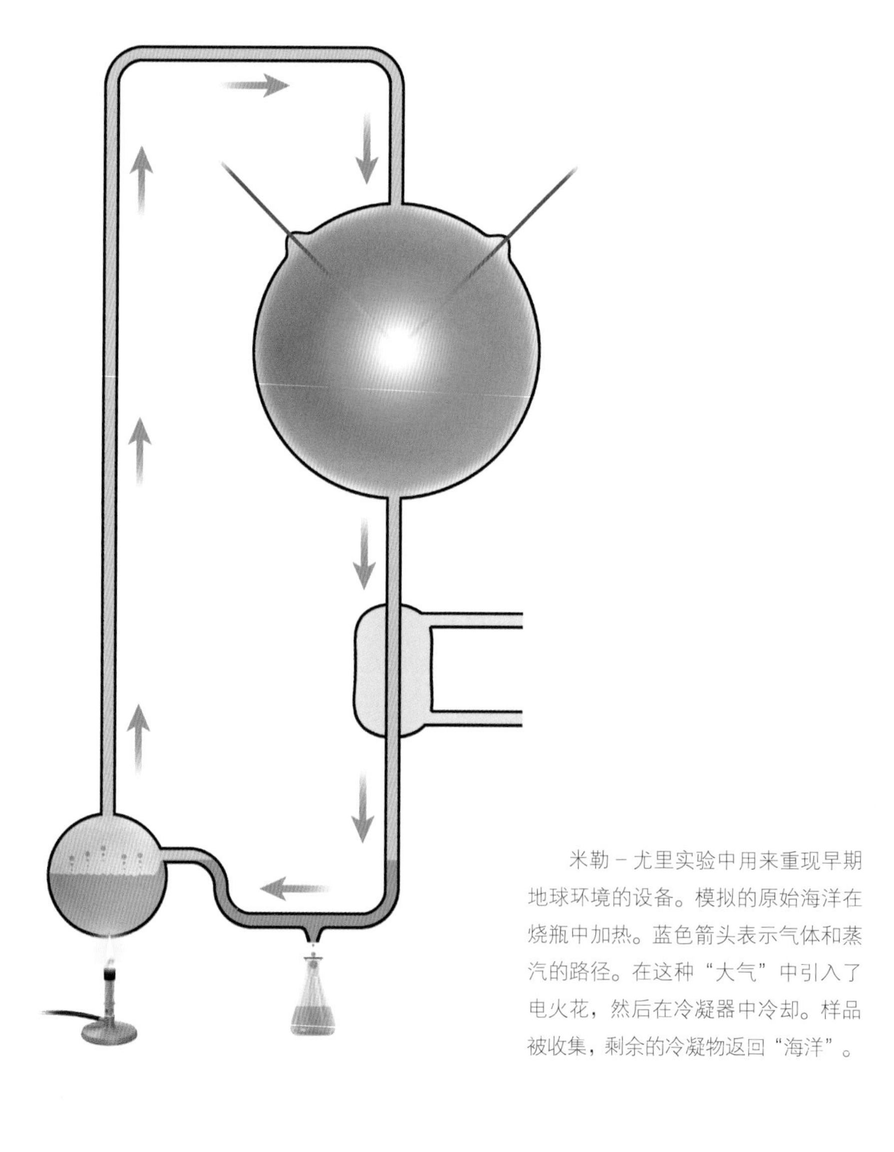

米勒－尤里实验中用来重现早期地球环境的设备。模拟的原始海洋在烧瓶中加热。蓝色箭头表示气体和蒸汽的路径。在这种“大气”中引入了电火花，然后在冷凝器中冷却。样品被收集，剩余的冷凝物返回“海洋”。

包括大量的腺嘌呤。腺嘌呤是DNA和RNA的四种碱基之一，也是三磷酸腺苷（adenosine triphosphate）的关键成分，三磷酸腺苷是细胞中储存和释放能量的关键化学物质。

> *我们必须考虑到，极有可能有数不清的带种子的陨石在太空中移动。如果在目前这个情况下，地球上不存在生命，那么一块落在地球上的石头（我们盲目地称之为自然原因）就会使地球上长满植物。*
>
> *——开尔文勋爵，1871年*

跨越

为了从有机化学品过渡到生命，物质必须发展自组织和复制的策略。现在人们认为，最初的生命形式使用RNA而不是DNA来保存它们的遗传密码。RNA比DNA简单，因为它是由核苷酸碱基组成的单链，而不是连接成双螺旋结构的两条链。地球上的生命可能来自一个自我复制分子的"RNA世界"。

一种假说认为，生命起源前的分子，甚至地球上的生命本身都起源于太空。包括氨基酸在内的前生命分子可以携带在小行星和流星上。一些有机分子可能存在于原行星盘的尘埃中，并可能从一开始就被纳入行星中。生命起源于太空的观点被称为"生源说"。1783年，法国自然历史学家伯努瓦·代·梅耶（Benoît de Maillet）写道，生命起源于从太空落入海洋的"细菌"（这里指种子，而不是病原体）。

生命起源说有三种版本。生命可以来自太阳系内部（行星际或"弹道"有生源说，panspermia），来自太阳系外部（星际或"原生源说"，lithopanspermia），或被太空中的智能生命故意播种（directed panspermia，定向生源说）。在前两种情况下，生命是偶然到达小行星或其他物体上的，但在最后一种情况下，生命是故意扩散的。

1969年9月，默奇森（Murchison）陨石坠落在澳大利亚，推动了对地球生命起源于外星的支持。2010年，通过对其中一块陨石的分析，发现了14 000种不同的分子化合物，包括70种氨基酸。研究人员认为，它实际上可能含有数百万种有机化合物。陨石内部是原始的，毫无疑问，前生命分子可以在太空中生存，并被运送到地球，但它没有就这是否为早期地球上前生命的重要来源提供线索。

发端

化石记录需要岩石，所以很明显我们找不到任何比最古老的岩石更古老的化石。45.2亿年前创造月球的撞击会使整个星球表面熔化，使其表面的所有生命完全消失。这并不意味着在撞击之前就没有生命，只是生命在撞击之后必须重新开始。

地球上最古老的毫无争议的生命证据可以追溯到35亿年前。然而，化学"特征"和一些结构，包括38亿年前在格陵兰岛形成的沉

默奇森陨石重达 100 多千克（220 磅），是来自太空的一块巨大的原始岩石。

黄石国家公园里富含矿物质的温泉，古生菌在那里生长繁盛。

积层，表明生命可能更古老。在加拿大的岩石上发现了可能存在的最古老的微生物痕迹，这些岩石是在 42.8 亿年至 37.7 亿年前从热液喷口沉淀下来的。最早的生物在它们的细胞膜上有独特的化学物质，这些物质不容易分解，所以它们的存在是生命很好的标志。

古生菌出现

直到 20 世纪中期，生物通常被简单地划分为植物或动物，这是长期以来被公认的类别。当发现这并不能很好地发挥作用时，一个由动物、植物、细菌、真菌和原生生物组成的五界系统出现了。1977 年，当美国微生物学家卡尔·沃斯（Carl Woese）发现了一种全新的有机体时，人们着实大吃一惊。

在研究细菌的 DNA 时，沃斯发现它们可以分为两个明显且截然不同的群体。其中一组是在高温或产生甲烷的环境中发现的，它们在基因上与其他细菌和生命域相差很远。沃斯很快意识到它根本不是细菌，而是一种特殊的原始生物体，现在被称为古生菌。五域系统现在已经被重新配置为包括古细菌、原核生物（包括其他细菌）和真核生物（包括其他四个界）。

地球上最早的生物可能是古生菌。它们在极端的环境中繁殖，在达尔文的“温暖的池塘”里和在灼热的深海喷口里都能很好地生存。但可能有一些东西比古生菌更早，也可能产生了原核生物和真核生物。这个最早的祖先可能连细胞膜都没有。

创造变化

生命无论何时何地开始，都会改变周围的环境。微生物死亡后，它们沉积在海洋或池底，形成了第一批有机沉积物，并留下了第一批化石证据。沉积岩不仅吸收了早期被磨碎、搬运和沉积的岩石，还吸收了早期生物的微小残留物。

大约在35亿年前，开始形成叠层石（stromatolite）。叠层石是由微生物垫层（生活在附近的大量微生物群落）和它们所捕获的颗粒组成的，这些颗粒层层堆积，形成驼峰状的岩石。世界上一些地方仍在形成叠层石，比如1956年首次发现叠层石的澳大利亚鲨鱼湾。这些叠层石以每25年约1厘米（0.4英寸）的速度生长。

光合作用

早期的产甲烷细菌代谢二氧化碳并产生甲烷，使地球大气层富含甲烷。然后，在20亿~30亿年前，微生物进化出了能够进行光合作用的能力。和现代植物一样，它们利用阳光的能量和大气中的二氧化碳，再加上水，来生产糖和释放氧气。这为现代大气奠定了基础，使变形虫到人类、蓝鲸和红木树等几乎所有的真核生命成为可能。光合作用进化的确切日期仍在争论中，可以追溯到近10亿年前，但它是我们所知的地球上生命起源的关键。

进行光合作用的海洋生物需要生活在海洋表面附近，那里阳光可以穿透。它们很快就存活了下来，因为那里阳光充足，没有竞争。甲烷细菌被迫向下移动，因为它们不需要阳光，

澳大利亚鲨鱼湾退潮时出现的叠层石。2018年，在南非发现了类似的32亿年前的化石证据。

所以它们仍能在深海中工作，但这意味着它们释放的甲烷不能轻易进入大气。

大氧化事件

海洋中的氧气量开始增加。首先，它与溶解的铁反应，沉积成氧化铁（铁锈），氧化铁落到海底。当沉积物转变成岩石时，氧化铁就会融入赤铁矿和针铁矿等矿物质中，在岩石中留下典型的红色条带。

最终，海洋中的大部分铁被氧化。氧气开始从海洋中逃逸到大气中，这一过程被称为“大氧化事件”（Great Oxygenation Event，GOE），可追溯至25亿~24亿年前。

氧含量的增加促进了藻类大量繁殖，导致更多的产氧生物产生。随着生物体的死亡和下沉，它们细胞中的含碳碎屑被埋在沉积物中，这意味着可作为二氧化碳回收的碳减少了。温室气体的减少不仅改变了大气层的组成，还使地球降温。

氧气含量的上升对生活在无氧环境中的生命形式产生了灾难性的影响。氧气对它们来说是一种毒药，大氧化事件触发了已知的第一次

所有动物，包括蓝鲸，最终都依赖于通过光合作用固定的能量。光合作用的植物和微生物处于每一条食物链的最底层。

这些清晰的红色条带表明赤铁矿形式的氧化铁，是在大约25亿年前开始的大氧化事件中产生的。

大规模灭绝事件——厌氧微生物的灭绝。

虽然氧气的数量急剧增加，但仍然比现在少得多。对原生宙中期岩石中发现的不同类型的氧化铬的测量结果显示，其含量只有现在的0.1%。这足以毒害以前的生物体，但又不足以让动物等复杂的需氧生物体发展起来。

温室和雪球

产氧蓝藻很快就不得不面对自己的大规模灭绝——气候变化的规模难以想象。

随着大气中氧气的增加，甲烷的数量减少，氧气与甲烷反应产生二氧化碳。富含甲烷的大气起到了帮助地球保持温暖的作用（在我们看来，这种温暖并不令人舒服）。但由于二氧化碳是一种威力小得多的温室气体，气候变暖效应大大降低了。似乎是大气的变化使地球进入了几个“雪球地球”阶段的第一个阶段，在此期间，温度下降到非常低的程度，整个表面都被冰覆盖了。

1907 年，在北美的休伦湖的岩石中发现了太古宙冰川遍布的第一个证据。两层非冰川沉积物夹在 25 亿年至 22 亿年前形成的三层冰川之间。在 20 世纪，远至南非、印度和澳大利亚都出现了同一时期冰川沉积物的证据，这使人们很难不去设想当时发生了某件全球性的事件。

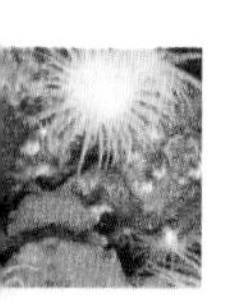

坠石

20世纪60年代，英国地质学家沃尔特·布莱恩·哈兰德（Walter Brian Harland）在发现7亿年前热带地区的岩石中存在冰川活动的地质证据后，提出了全球冰川期的概念。冰川携带着从沙粒大小的颗粒到卵石的碎片，当冰川底部融化时，会在身后留下“坠石”。第一个提出地球上存在冰河时代的人是德国哲学家、诗人和政治家约翰·沃尔夫冈·冯·歌德（Johann Wolfgang von Goethe），他于1784年提出了这个想法。歌德认为阿尔卑斯山上的许多大坠石是在德国被冰盖覆盖的“严寒”时期由冰川搬运而来的。认为整个地球曾经被冰覆盖的想法似乎不太可能，几乎没有人愿意接受它。计算

极度深寒

美国地质学家乔·克什温克（Joe Kirschvink）在1989年创造了“雪球地球”这个词。地球经历了几个冰期。有些是全球性的“雪球地球”事件，有些则不那么严重，冰只覆盖了地球的部分表面，这被称为“冰河时代”。一个冰川期需要至少一个永久的冰原，冰原可以限制在南极和（或）北极。大多数雪球地球事件和冰河时代都有间冰期，冰川消失然后又回来。

第一个冰期发生在太古宙。然后在第一次雪球地球事件的前后有两个冰期，这与大氧化事件有关。我们现在处于冰川期，而且已经持续了260万年。尽管气候相对温暖，但在北极和南极仍然有冰原。人们普遍认为，上一个冰河时代在11 000年前就结束了，当时北部冰盖从欧洲大部分地区消退。然而，从地质学的角度来看，我们仍处于冰河时代，其中一个较冷的阶段最近才结束。人类的活动似乎有可能结束目前的冰河时代。

从太空看，雪球地球几乎是全白的，覆盖着冰雪。

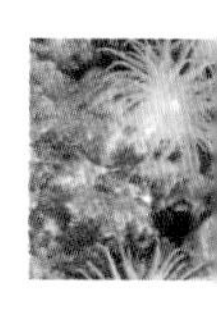

在巴西圣保罗州的伊图，由冰川运动沉积的石英岩坠石。

表明，太阳需要产生的能量是现在的1.5倍，地球才能摆脱雪球状态。而太阳在遥远的过去所产生的能量也比今天少得多。

是地壳运动，而不是太阳的热量，终结了地球的寒流。不管温度如何，大块大块的海床继续在大陆边缘俯冲，火山将二氧化碳排放到大气中。这是缓慢碳循环的一部分。但循环的另一部分，即岩石的风化作用，从大气中清除二氧化碳，在极低的温度下会减慢并停止。

正常情况下，酸雨（含有溶解二氧化碳的水）落在硅酸盐岩石上，并溶解一些表面物质，释放钙离子和碳酸氢盐离子。这些物质在海洋中聚集在一起形成碳酸岩，碳酸岩锁住了碳。当风化停止、火山活动继续时，释放出的二氧化碳要比清除的多。二氧化碳在大气中缓慢积聚产生温室效应，最终导致气候失控变暖。随着冰的融化，地球的反照率降低。这使得更多的太阳热量被吸收，所以地球变暖的速度更快。

躲藏的生命

生命似乎不可能在雪球地球事件中存活下来：如果地球上所有的水都结冰了，生命也可能无法存活。一些科学家怀疑，地球可能是一个略带泥泞的雪球，也许在赤道附近有一条带状或袋状的液态水区域。

另一种理论是，冰确实覆盖了整个地表，但小范围的地热活动在冰面上留下了冰晶石洞。这些洞里装满了液态水，使生命得以坚持到灾难结束。

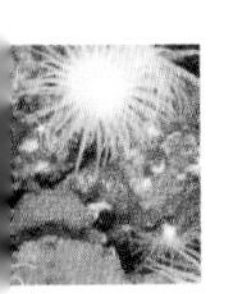

以新换旧

大氧化事件导致了能够代谢氧气的生命形式的出现。这些生命形式走上了新的发展道路。最重要的变化之一是单细胞生物开始聚集成群，成为多细胞生物。细胞分化出不同的功能，并相互依赖。在20亿～25亿年前，一些蓝藻细菌可能还有其他类似的生物发展出了简单的多细胞生物。2008年，在非洲的加蓬发现了第一个确定的多细胞生物，可追溯到21亿年前。该化石是一个带有放射状裂缝和扇形边缘的扁平圆盘，直径为5厘米（2英寸）。

进化生物学家原本认为，从单细胞到多细胞的飞跃一定是很难实现的，但最近发现，促使一些单细胞生物变成多细胞是很容易的，诀窍在于制约它们的环境条件。

在2015年的一项实验中，酵母细胞在短短一周内就变成了多细胞菌落。它们发展出了一种“雪花”形态，新的细胞黏附在母细胞上，而不是挣脱出来。经过3 000代，多细胞繁殖的原始形式开始，分支作为新的菌落被释放出来。

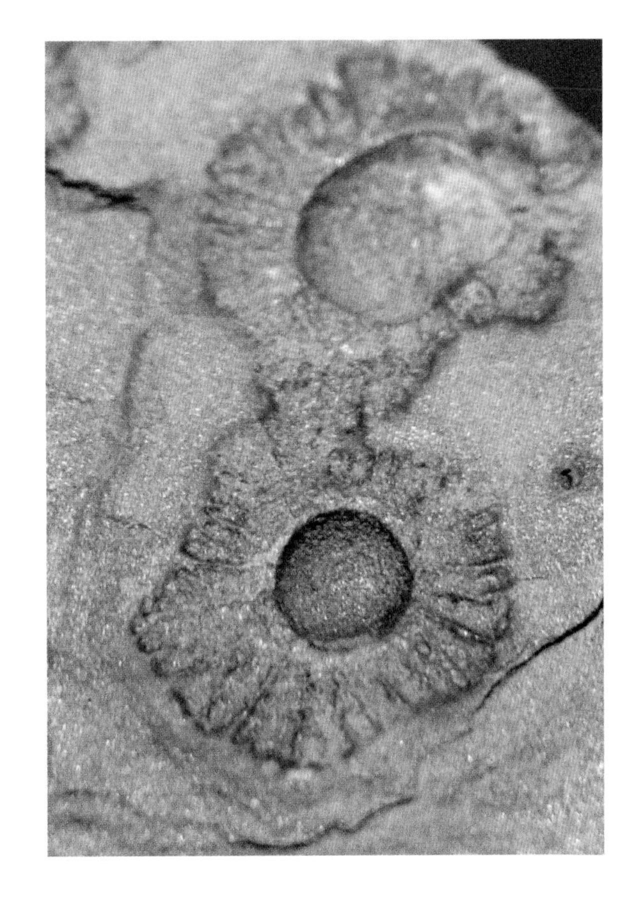

这些奇怪的扇形圆盘代表了我们有化石证据的第一批多细胞生物。

冰晶石洞形成于地热活动区域或尘埃沉积在冰雪中时。沉积物颜色较深，因此比周围地区更能吸收太阳辐射。

“无聊的10亿年”

无论向多细胞生物过渡是容易还是困难，似乎各种各样更复杂的多细胞生物在很长一段时间内都没有进化出来。古生物学家经常把18亿年前到8亿年前这段时间称为“无聊的10亿年”。那是一段相对稳定的时期，无论是从地质还是从进化的角度来看，这一时期生命的发展基本上停滞在单细胞群落或简单的多细胞生物中。

2014年对海底沉积物的研究报告显示，此时的海洋中微量金属含量特别低。在大约6亿6千万年前，必需微量元素的浓度显著上升，及时地推动了进化，这就是寒武纪大爆发（见第130页）。有趣的是，在大氧化事件时期，也就是生命繁盛的另一个时期，微量元素的浓度也在上升。

海洋中微量金属含量低，这可以用地质不活跃来解释，因为地质不活跃使超级大陆保持完整。我们今天所熟悉的构造活动速度直到大约7亿5千万年前才开始。氧气的含量也比较低，尤其是在深海。1998年，美国地质学家唐纳德·坎菲尔德（Donald Canfield）提出，大氧化事件释放的氧气只给最上面几厘米的海水供氧。在此之下，由于岩石风化和黄铁矿氧化（二硫化铁）的氧化作用，形成了高浓度的硫化氢，这让深海里几乎没有生物。

细胞进化

在这无聊的10亿年里发生了一个重要的变化——第一个真核细胞进化了。这些细胞将编码在DNA中的遗传信息锁在细胞核中，并与膜结合。真核生物还有其他与膜结合的部分，称为细胞器，它们执行特定的功能。早期岩石中记录的古生菌是非常简单的细胞类型，称为原核生物。原核细胞有一长串DNA或RNA，但没有细胞核来容纳它。它们统治了地球大约25亿年。

真核生物可能最早出现在15亿~18.4亿年前。通过对基因组的研究计算得出的“分子钟”年代测定法，得出的日期是18.4亿年前，而最古老的微化石则是15亿年前。虽然最初的真核生物仍然是单细胞生物，但所有后来的复杂生命形式都是从这些生物先驱发展而来的——我们都是真核生物。

俘虏

真核生物似乎是通过俘虏原核生物而发展起来的。1967年，美国生物学家林恩·马古利斯（Lynn Margulis）提出，原核生物在一个被称为“内共生”的过程中被吸收并在真核细胞内工作。这个理论建立在19世纪首次提出的一个想法之上，但这个想法后来失宠了。绿色植物中进行光合作用的叶绿体和线粒体是细胞的“动力源”，从化学键中提取能量，它们代表着曾经游离的原核生物，现在在大细胞中共生。

真核细胞可以有性繁殖，而原核细胞只能通过分裂来繁殖，每个细胞都是其母体的精确复制（克隆）。基因的多样性只能通过随机突变产生——如果这是有益的，细胞可能存活和繁殖，使突变永久存在。真核生物经常可以结合来自两个亲本的DNA，使子代随机选择每个亲本的遗传性状，进行挑选和混合。通过有性

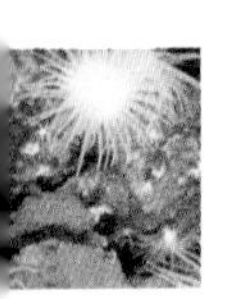

繁殖，多样性和有益性状可以更快地出现。

这可能会让我们认为真核细胞会很快占据上风，但它们面临着一个相当大的障碍。它们需要氧气，而地球仍然缺乏氧气。

在“无聊的10亿年”末期，更复杂的多细胞真核生物终于开始发展，这可能是由于氧气的增加、微量矿物质的增加和更多样化的栖息地。最早的大型生物可能是海绵，它们可能出现在7.5亿年前，正好赶上下一个“雪球地球”事件开始时的寒冷天气。

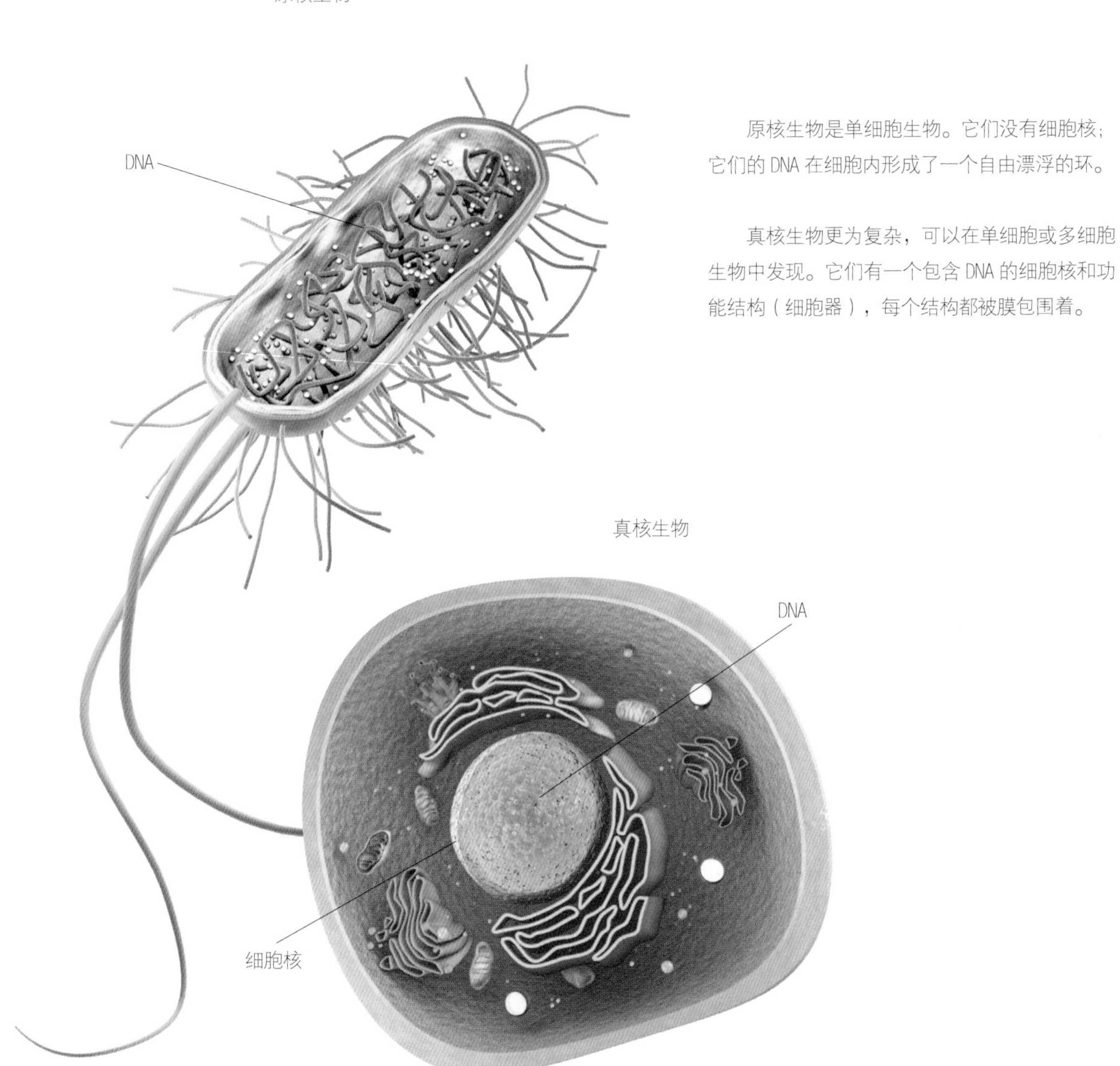

原核生物是单细胞生物。它们没有细胞核；它们的DNA在细胞内形成了一个自由漂浮的环。

真核生物更为复杂，可以在单细胞或多细胞生物中发现。它们有一个包含DNA的细胞核和功能结构（细胞器），每个结构都被膜包围着。

地球运动可能是构造活动的结果

早期地球的构造活动可能很迅速，形成了目前 70% 的岩石表面，然后从 30 亿至 7.5 亿年前，随着地壳的冷却和增厚，构造活动大大放缓。最终，上层地幔足够冷却，地壳也足够厚，足以将大板块的地壳拉到俯冲带而不断裂，将海洋拉向大洋中部的裂谷。大陆开始移动，此后就没有停止过。超级大陆罗迪尼亚解体了，世界各地的情况都发生了变化。

超级大陆有一条围绕着干旱内陆的多雨的土地带。当陆地排列成较小的区块，有更多的海岸线时，雨地就多，旱地就少。雨水会增加岩石的风化作用，吸收大气中的二氧化碳。这减少了温室效应，使热量逸出到太空中，给地球降温。第二次地球雪球事件发生在大约 7.15 亿年前，当时的气温降至 -20℃（-4 ℉）左右。

地球可能是由一个特定的触发因素，也许是极端的火山爆发形式被推向了下一次冰雪灾难。这可能使上层大气充满了硫气溶胶，这些气溶胶可以将太阳辐射反射回太空，阻止太阳的热量到达地球。像这样的火山爆发发生在 7.19 亿年至 7.17 亿年前，地点在现在加拿大位于北极地区的一部分。这些，再加上超级大陆的分裂，可能已经把地球推到了一个临界点，地球的温度急剧下降。空气中的水分结冰，在陆地和海洋上覆盖了一层霜、雪和冰，这进一步反射了太阳辐射，加剧了寒冷。

生物体可能也发挥了作用。当生活在海面附近的生物吸收二氧化碳，死亡并沉入海床时，它们携带了固定的碳。这些碳融入沉积物形成的岩石中，并被碳循环有效地清除。在 8 000 万年的时间里，气候处于动荡之中。最初的雪球期持续了 5 800 万年。然后地球融化了，但 1 000 万年后又冻结了。

菲律宾苏禄海中产卵的巨型桶状海绵。

从严寒中来

和以前一样，持续的火山活动最终会产生足够的二氧化碳，使世界重新融化。1992 年，美国地质学家乔·克什温克提出，在冰河时期结束时，出现了一个向温室条件的突然转变，这种转变可能让地球在 2 000 年左右的时间里从雪球变成温室。

雪球事件期间，冰川的持续运动磨碎了岩石的表面，并将其作为富磷沉积物带入海洋。随着温度的升高，生物开始更快地繁殖，此时有充足的矿物质营养来滋养它们。

生命的复苏

雪球地球和更复杂的生物进化之间似乎存在着某种联系。第一批非微观动物——埃迪卡拉动物群（Ediacaran biota），在 5.75 亿万年前出现了。其中包括具有三重对称性的三角腕藻，以及 1947 年发现的狄更逊水母（Dickinsonia）。这种扁平的圆盘状分节生物没有坚硬的部分。2018 年，在一个保存完好的标本中发现了胆固醇分子化石的痕迹，这是已知的最早的动物。胆固醇分子化石是动物生命的生物标志物。除了软体生物难以分类的化石，还有埃迪卡拉动物的痕迹化石，如蠕虫洞穴。

埃迪卡拉不是一个热闹的地方。海底，至少在浅水处，覆盖着一层微生物黏液，在这些微生物上生活着奇怪的绗缝（quilted）生物，它们或者是直接用茎秆附着在海底，或在海底爬行，以黏液为食。但很快这一切都会改变。海床将成为一个活动的蜂房，生活着腿部有关节的节肢动物，第一种能看见的生物，以及快速移动的带牙齿的捕食者。

左图：埃迪卡拉狄更逊水母是已知的最早的动物，来自 5.75 亿 ~5.41 亿年前。

下页：

绗缝的加尼亚虫化石，一种被首次接受的复杂的前寒武纪生物。

生命的爆发

埃迪卡拉时期从6.35亿年前的雪球地球末期开始，一直延伸到5.41亿年前的寒武纪开始，也就是我们可以认为现代世界开始的时候。寒武纪见证了非常复杂的动物的快速而极端的多样化——所有主要的现代动物门都出现在这个时期。

19世纪，查尔斯·达尔文评论了地球生物群落的这种突然变化，他惊愕地发现，这似乎与他的进化论相矛盾。他声称，生命是在数百万年的时间里慢慢形成和改变的。但化石记录表明出现了一个突然的、生物量密集的起点，在以前什么都没有的地方出现了巨大的物种多样性。

地质学家J.W.索尔特（J. W. Salter）怀疑，在英国什罗普郡隆明地超级群的岩石中，应该存在前寒武纪的化石，但除了一些可能的洞穴痕迹化石外，他什么也没发现。在这些岩石中发现了维多利亚时代的古生物学家们没有发现的微生物化石。众所周知，“达尔文的困境”的原因是，前寒武纪生物没有坚硬的身体部位，所以没有什么东西能轻易变成化石。

对于为什么我们没有发现属于寒武纪之前这些……时期的丰富的化石矿床，我无法给出满意的答案。

—— 查尔斯·达尔文，《物种起源》，1859年

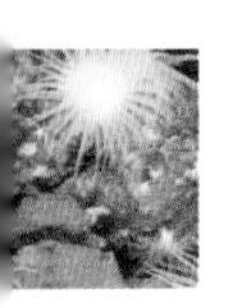

吃和被吃

寒武纪大爆发期间，氧气含量逐渐上升，但对进化更重要的影响是掠食行为的出现。埃迪卡拉动物以黏液、微生物垫和海洋中漂浮的微生物为食——当时它们还没有相互吞食。当其中一些动物开始这样做时，捕食者和猎物之间的关系加速了它们的快速进化。当时固着的软体生物很容易成为目标，它们必须进化出诸如硬壳之类的防御策略。为了避免被捕食，一些生物变得能够运动；对于捕食者和猎物来说，视觉的优势促进了视觉的进化。

寒武纪大爆发的影响在世界各地都可以看到，但在一些特别丰富的化石层，如加拿大（布尔吉斯页岩）和中国（2007年发现的清江）的化石层，都提供了大量物种重叠的证据。

测试寒武纪气候

科学家可以检查冰核和树木年轮，包括树木化石，以发现有关地球气候和大气的信息。但冰核数据只能追溯到几百万年前。因为在温暖的间冰期没有冰层，所以没有当前冰期开始之前的冰核数据。在树木进化之前，不会有年轮。为了发现更多关于寒武纪的信息，科学家们测量了化石中不同氧同位素的比例。海洋生物将海洋中的氧气固定在它们的贝壳中，所以氧同位素的比例与它们生活期间海洋中的比例相匹配，氧同位素可以用来计算当时的温度。2018年，对寒武纪腕足动物微壳的分析证实，寒武纪大爆发发生在温室时期，当时地球很温暖。

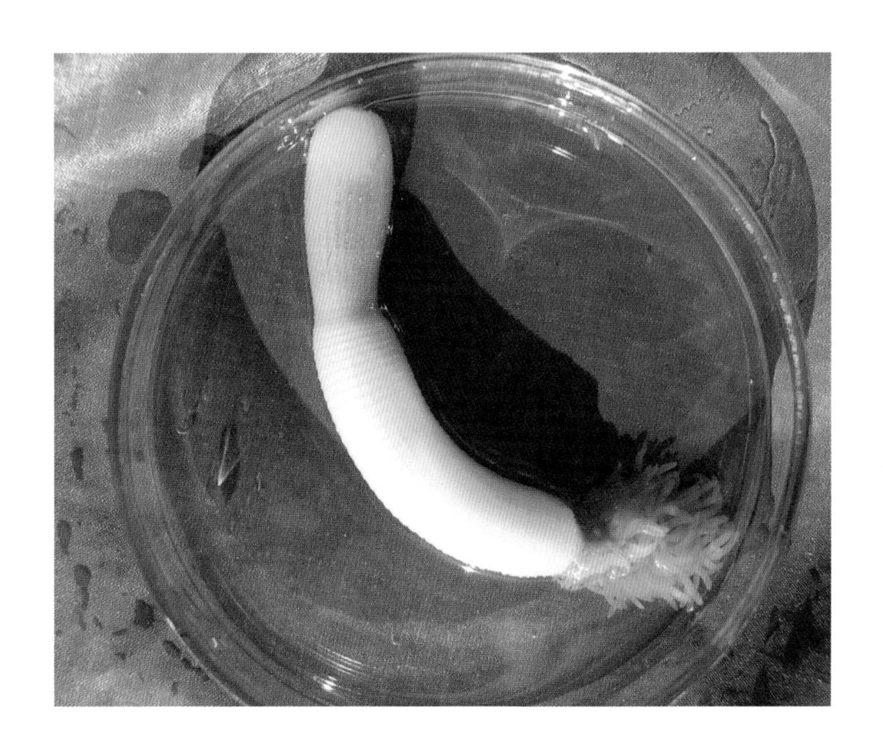

现代的阴茎虫是一种简单的、不分节的蠕虫，生活在海底表面以下。寒武纪的阴茎虫可以把嘴巴从里面外翻出来，用它喉咙里像奶酪磨碎器一样的小牙齿在地面上拖动自己。

布尔吉斯页岩

布尔吉斯页岩是加拿大落基山脉布尔吉斯页岩山口附近一处极其丰富的化石矿床。1909年，大卫·沃尔科特（David Walcott）和海伦娜·沃尔科特（Helena Walcott）发现了这处化石矿床，它是寒武纪大爆发的第一个证据。各种各样的寒武纪化石在那里保存得非常完好，生物柔软的身体部分完好无损。这里有10个独立的化石床，其中沃尔科特采石场最为著名。

人们从该遗址收集了20多万个化石，这些化石代表了不同类型的节肢动物、软体生物和植物。这里还有许多微生物和藻类的微化石。98%的化石代表的生物没有坚硬的身体部分，而这些部分通常会在石化时消失。人们在这里总共发现了大约150种物种。

这些化石沉积于大约5.05亿年前，也就是寒武纪大爆发后的3 500万年。它们可能是在一场泥石流落在生物生活的海床区域后被保存下来的，当时它们被埋在了深深的沉积物中，当场就死了——它们的身体姿势表明它们没有蜷缩起来，也没有试图从泥里钻出来。当时加拿大和布尔吉斯页岩的位置都在赤道以南，所以这些化石代表了热带海洋的动物群。

大约在寒武纪大爆发的同一时间，另一个重大变化发生了。比藻类和细菌更大的有机体开始在一个全新的环境——陆地上定居。

寒武纪的海洋里生活着一些奇怪的生物，比如游动的栉水母——一种长5厘米（2英寸）的关节动物，有5只眼睛和1个用来捕捉猎物的长鼻。

第七章

生命登陆

要牢牢记住，每一个生命都在努力增加自己的数量……每一个生命在其生命的某个时期……都必须为生存而奋斗，并承受巨大的破坏。……

……大自然的战争总会停止……有活力的、健康的和快乐的生命才能生存和繁衍。

—— 查尔斯·达尔文（Charles Darwin），《物种起源》，1859 年

在大约 30 亿年的时间里，几乎所有生活在这个星球上的生物都生活在海洋里。然后，就在不久前的地质时代，生命的先驱者们从海洋中爬了出来，开始以新的方式塑造世界。生物把地球变成了自己的家园，改变了岩石、空气和气候。

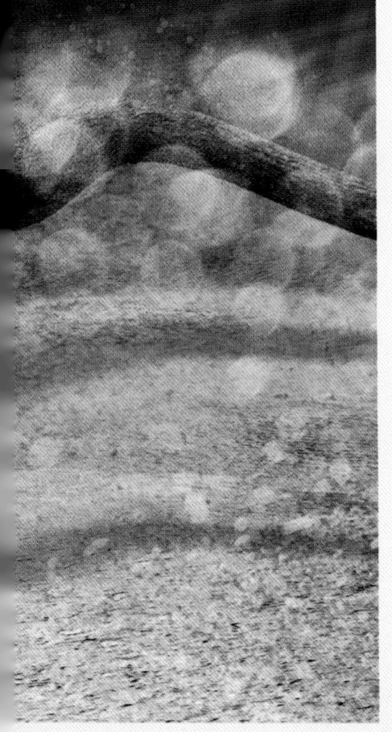

提塔利克鱼（Tiktaalik）生活在大约 3.75 亿年前，长大后有 3 米（10 英尺）长。它于 2004 年被发现，并于 2006 年首次被描述和确认为过渡性生物。虽然它像鱼一样有鳞和鳃，但它也有腕关节和肺，可以在陆地上生活。

向陆地迁移

除了微生物，第一批踏上陆地的生物在5亿至4.5亿年前迁移。有一个很好的化学原因可以解释为什么生命没有在更早的时候登上陆地，这还是与氧气有关。

起着防晒作用的水

大约6亿年前，大气中的氧气含量稳步增加，地球形成了一层薄薄的臭氧层。臭氧是在紫外线分解大气中的一些氧分子时产生的，然后原子氧（O）和分子氧（O_2）结合形成臭氧（O_3）。随着臭氧层的增厚，它阻挡了部分来自太阳的紫外线。

紫外线会损害活细胞，水能阻挡紫外线，所以生活在海里的生物就能免受紫外线的侵害。寒武纪大爆发的同时，臭氧层变得足够厚，可以阻挡一些辐射，这可能使一些生物有可能在较浅的水域生活。光合生物需要足够的阳光穿透水面进行光合作用，但又不能造成细胞损伤。其他的生物最好是生活在较深的水中，才能不受紫外线的伤害。

4亿8千万年到4亿6千万年前，臭氧层的厚度足以让第一批陆地殖民者离开水生存。它们住在潮间带的岩石上，那里的水位每天涨落。最早的原始陆地植物就是从这些植物进化而来的。它们很可能使用诸如伪枝藻素之类的化学物质作为天然防晒霜。随着臭氧层的增厚，这种保护就不再需要了，更多的生物适应了陆地上的生活。但在植物存在之前，必须先有其他东西出现，那就是为它们提供养分的土壤。

威瓦亚虫（Wiwaxia）是寒武纪时的一种软体海洋生物，体长可达5厘米（2英寸）。背部的刺保护着它。

制造土壤

今天的土壤是无机物（沙子、岩石、黏土）和有机物（死去的植物、动物和微生物的碎片）的复杂混合物。最古老的土壤样本大约有 30 亿年的历史，是地球表面岩石物理和化学分解的产物。最初的生物土壤随着蓝藻和其他微生物首先出现在潮间带，然后向内陆移动。随着微生物垫层开始用黏液绿化土地，它们微小的身体为发展中的土壤添加了有机物。这些早期的土壤聚集在海岸附近岩石围绕的空间中，并没有立即提供一个特别适宜的环境，但随着时间的推移环境变得丰富起来。即使是简单的微生物垫层也在一定程度上稳定了土地，通过固定土壤不变来减缓侵蚀速度。微生物的覆盖层也会给土壤添加有机酸。随着物质在原地停留的时间越长，有更多的化学物质对其起作用，化学风化和分解就会加快，但还不足以支持植物生长。

地衣改善土壤的贫瘠

开发利用并使早期土壤更具生命力的关键在于地衣。作为复合生物，地衣是藻类之间或蓝藻与真菌之间共生关系的产物。 藻类或蓝藻进行光合作用，产生能量；这种真菌有着长长的细丝，善于收集水分。含有蓝藻的地衣可以从大气中吸收氮并固定，死后释放到土壤中。最重要的是，地衣可以在裸露的岩石上生长——它们不需要任何土壤。这为它们开发贫瘠的土地提供了条件，尽管我们不知道它们是从什么时候开始这样的——可能在 7 亿年到 5.5 亿年前的某个时候。

现在生长在岩石上的地衣与几亿年前几乎没有什么不同。

臭氧层空洞

地球表面上方 15～30 千米（9～18 英里）的臭氧层可以保护地球上的生物免受有害的太阳辐射。臭氧占该层气体的比例不到十万分之一，即 0.001%，因此该层并非纯臭氧。

1985 年，南极洲上空出现了臭氧消失的证据，这被称为臭氧层的“洞”。美国宇航局的调查显示，这个问题已经扩展到整个地区。臭氧消耗并不局限于南极洲，但那里的影响比其他地方更严重。

甚至在发现臭氧洞之前，美国两位化学家马里奥·莫利纳（Mario Molina）和弗兰克·舍伍德·罗兰（F. Sherwood Rowland）就在 1974 年提出 CFCs（氯氟烃气体）可能威胁臭氧层。CFCs 被广泛用于气雾剂和冰箱的冷却剂。每年南半球春季形成的“洞”，在一年中的晚些时候部分愈合，但每年愈合的程度要小一些。1987 年，一项逐步淘汰氟氯化碳使用的全球协议被写入蒙特利尔议定书，并得到了联合国所有 197 个成员国的批准。面对迫在眉睫的气候灾难，这是一次了不起的合作行动。

现在，臭氧层正在缓慢恢复，如果没有进一步的破坏，南极洲上空的洞口有望在 2060 年之前愈合。臭氧危机首次表明，一个物种，即人类，可以轻而易举地破坏使陆地生命成为可能的大气条件。

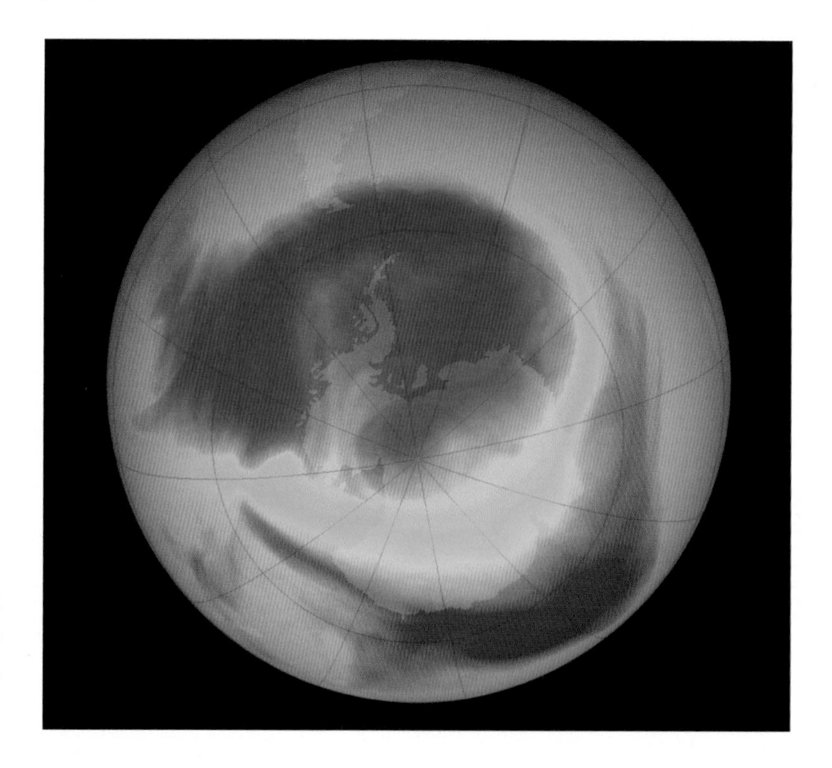

2019 年，一张从太空拍摄的伪色照片显示了南极洲上空臭氧消失的区域。

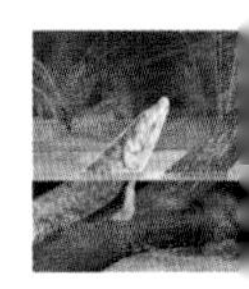

随着地衣慢慢向内陆移动，它们使土壤变得肥沃，直到第二波生物能够在这片土地上定居。简单的植物大约4.4亿年前沿着海岸进化而来。起初，它们是苔藓植物——非维管植物，如地苔和苔藓。像地衣一样，它们也与真菌合作。菌根，即生活在植物根部的真菌，大约在5亿年前（在植物还没有根的时候）进化而来。菌根与最早的植物生活在一起，菌根丝可以钻到岩石中，释放磷和钙等营养物质，并固定氮。进行光合作用的植物为真菌提供食物作为交换。

生命的基础

菌根真菌帮助把土壤颗粒固定在一起，使其稳定。当第一批植物死亡腐烂时，它们又加入土壤中，使土壤更加复杂，营养丰富，结构更适合保持水分。这为植物在陆地上的传播奠定了基础。

这些最初的简单植物为动物提供了食物。第一批动物是无脊椎动物，在志留纪中期（4.44亿年至4.19亿年前）迁移到了陆地上。它们是像螨虫、蜘蛛和跳尾虫这样的动物，生活在苔藓中，在地衣上爬行。像那些植物一样，它们沿着水迹行走，生活在河流和小溪附近。

有茎和叶的维管植物是从苔藓植物进化而来的。它们开始通过制造孢子来繁殖，这些孢子可以被吹到更远的内陆。

顶囊蕨 （Cooksonia）首次发现于1937年，是已知最古老的拥有茎和维管组织的植物。它是介于藤本植物和维管植物之间的一种过渡形态。

在泥盆纪（4.19 亿 ~ 3.59 亿年前），出现了更复杂的植物。它们复杂的根系将土壤牢牢地固定在一起，所以土壤不容易被冲走或吹走。这种新的稳定的物质提供了更广泛的化学成分，形成了我们现在看到的厚而丰富的腐殖质。植物蔓延到大陆地表，在温暖的气候下，植被很快就繁茂起来。

“黏糊糊的东西用腿爬行”

在植物之后，是动物。起初，这些先驱者是节肢动物，但在泥盆纪末期，大约 3 亿 7 500 万年前，它们之后出现了进化的鱼类，这些鱼类用鳍把自己拉到岸上，鳍变成了带有支撑骨头的支柱状。这些“鱼足动物”发展出了呼吸空气的能力，并最终进化成两栖动物、第一种四足陆地动物。与此同时，在海里，鱼类迅速地多样化（泥盆纪有时被称为“鱼的时代”），其中有肉鳍鱼（陆生四足动物由肉鳍鱼进化而来）和被称为盾皮动物的体型巨大的甲壳鱼。

随着地球上的生命发展成为一个复杂的生态系统，并向内陆延伸得越来越远，动物粪便添加到了土壤中，提高了土壤的肥力。在石炭纪（3.6 亿 ~ 2.99 亿年前），广阔的森林覆盖着大片的沼泽地。在这些地方生活有巨大的石

石炭纪森林里有大量的巨型节肢动物和两栖动物。

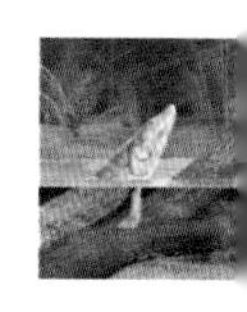

松类、树蕨类、马尾类和树木等植物，还有大量的、越来越大的两栖动物和节肢动物。由于植被从大气中吸收二氧化碳，并以氧气取代，氧气含量提高到了35%（今天大气中的氧气含量只有21%）。高含氧量似乎有利于大型节肢动物——像海鸥一样大的蜻蜓、2米长的蜈蚣、1米长的蝎子和蟑螂——以及6米（20英尺）长的类似鳄鱼的两栖动物生存。这听起来可能像噩梦，但这些生物是石炭纪森林里日常生活的真实写照。

变化的河流

植物的生长直接影响着自然景观。在有植被的地方，快速变化的编织状河网会改变为蜿蜒的单一河道；这是因为植物的根部使河岸保持不变，从而引导水流。在灭绝事件中，植物消失的最初迹象之一是河流采用了类似三角洲的编织模式。

下图：新西兰的拉凯亚河呈现出典型的编织状分布。

底图：厄瓜多尔的科诺纳科河具有河流的单一河道特征，穿过植被茂密的地区。

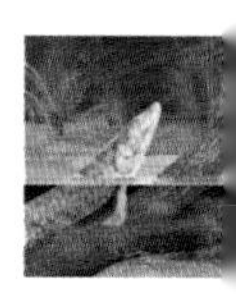

保存的技巧

人们最熟悉的化石类型是那些坚硬的身体部分，如骨骼、牙齿和贝壳，它们最容易化石化。它们不会太快腐烂，即使身体的软体部分被清道夫或分解者吃掉，这部分也常常能保存下来。当我们想到化石的时候，通常会想到恐龙的骨头和牙齿以及鹦鹉螺的壳。

软组织，如羽毛和皮肤，如果在合适的条件下被迅速地埋葬，有时也会成为化石。水母等软体生物的化石相对较少，不是因为它们罕见，而是因为它们不容易化石化。当今世界上数量最多的物种是昆虫，但其中很少有成为化石的。未来任何一个物种看21世纪的化石记录，可能会对硬体和软体物种的分布产生扭曲的印象。目前，动物的生物量有一半是由节肢动物构成的，但蝴蝶、蚜虫和蜘蛛不太可能成为化石。我们拿到的历史记录也可能是扭曲的。

遗迹化石（或 ichnofossils）保存了生物体去过的地方的印记，包括脚印、洞穴、巢穴、排泄物或胃内容物（coprolites）。如果动物在沙子或泥土中留下了脚印，而这些脚印在消失之前已经被沉积物所覆盖，那么就有可能将不同类型的岩石（原来的地面和压实的沉积物）分开，从而揭开脚印。

“遗迹化石”的另一个例子是已经消失但留下空洞的软组织的轮廓。有时，古生物学家可以利用遗迹化石来拼凑远古的戏剧性场景。例如，一种动物追逐另一种动物的动作，或者父母与年幼的动物并肩行走的动作。

从树木到化石燃料

当遍布大陆陆地的树木死亡并落入沼泽地时，许多树木被埋在泥土中，形成化石，最终成为第一批煤矿。这些早期树木吸收的二氧化碳被锁在地下3亿多年，让当时的动物沐浴在富含氧气的大气中。当煤层被发现并在大约200年的时间里被烧毁时，数百万年储存的碳在很短的时间内被释放到大气中。

石炭纪森林的大部分生长在构造板块的边缘，这些板块会在地壳移动时被推到一起，最后一块超级大陆盘古大陆开始形成。未腐烂的木材沉积物被推到地下，成为今天大量贯穿山脉和丘陵的煤层。

动物、植物、矿物

陆地和海洋的动物和植物都变成了化石，给我们留下了它们的形状和结构的记录。动物，尤其是那些有坚硬身体部分的动物，如外壳、牙齿和骨头，通常都被完整地保存下来。虽然化石有数十亿之多，但化石本身却十分罕

石油和天然气的储藏

煤是由植物材料形成的，但石油和天然气（甲烷）是由海底有机物分解和压缩产生的，这些有机物来源于藻类、浮游生物和其他生物的沉积物，其中大多数非常微小。当这些生物被深埋时，温度和压力上升；通过一系列的反应，它们体内的化学物质被分解并改造成石油或天然气。这些油气通过岩石的缝隙

死去的动植物会沉到海底。

4 亿 ~3 亿年前

高压和高温把泥浆变成了岩石。

1 亿 ~5000 万年前

见——绝大多数生物体被分解，它们的化学物质被循环利用。那些幸存下来的化石让我们能够拼凑出地球上的进化故事。

“大自然界中的恶作剧”

过去，发现化石的人并不总是能弄清楚它们是什么，他们常常认为它们是自然界的东西——“自然界中的怪东西”（lusus naturae）。当人们意识到一些奇形怪状的岩石是生物的遗迹时，它彻底改变了我们对地球及其历史的认识。今天，我们对化石这个概念太过熟悉，觉得没什么特别的。

早在公元前6世纪，希腊科罗封的哲学家色诺芬尼（Xenophanes of Colophon，公元前

向上移动，直到遇到无法通过的地质结构。随着时间的推移，油藏在此类地质结构下面积累起来，成为我们今天开采的石油或天然气矿床。

煤多是在3亿多年前的石炭纪形成的，但石油一般形成时间比较晚。最古老的可考证的石油只有2亿年左右的历史，而大多数石油形成的时间要晚得多。

石油和天然气在4亿年前形成

生物的残留物变成了石油和天然气燃气。

今天

570 —公元前 478 年）就认识到软体动物的贝壳化石是很久以前死亡的生物的遗迹。由于发现它们的陆地曾经是海床，色诺芬尼以此来支持他的理论，即万物都是由土和水组成的。他还推测，地球会经历干、湿两期，在湿期时，万物会变成泥土，人类都会死亡。海洋生物的化石表明，它们曾生活在地球历史的湿阶段。虽然他错了，但色诺芬尼是第一个利用化石证据进行准科学论证的人。希罗多德（Herodotus，公元前 484— 公元前 425 年）引用了在埃及发现的贝壳作为证据，证明这片土地曾经存在于水下。他写道，他在莫卡坦（Mokattam）山脉的一个山谷中看到了“难以描述的蛇的脊骨和肋骨：肋骨中有大量的堆积物”。埃拉托色尼

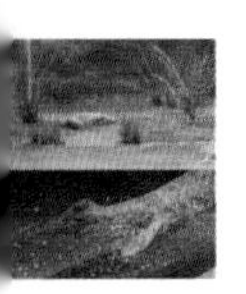

长期以来，化石一直被当作伟大的奇珍异宝来研究，费尽心思地收集，小心翼翼地珍藏……成千上万的人都是这样做的，他们从来没有注意到大自然处理这些奇异产物，并把它们分配到每一层地层中去的那种奇妙的秩序和规律性。

—— 威廉·史密斯，英国地质学家，1796 年

左图：来自格鲁吉亚萨塔普利亚（Sataplia）地区的恐龙足迹化石。

下页：中国山西、河北、河南三省的太行山曾存在于水下，并产生了海洋化石。

（Eratosthenes，公元前 276 —公元前 194 年）和斯特拉波（Strabo，公元前 64 —公元 24 年）对海洋化石都有记载，表明现在海面上的陆地曾经存在于水下。

色诺芬尼时代大约 1 500 年后，在地球的另一边，中国官员和科学家沈括（1031—1095 年）从海洋生物化石的存在得出结论，太行山曾经存在于海底。他还意识到，在一个不再适合种植竹子的地区出现竹林化石是气候变化的证据。

列奥纳多·达·芬奇意识到他发现的贝壳化石是早已死亡的生物的遗迹。（他没有发表自己的发现，但把它们藏在了有密码的笔记本里。）这些贝壳，就像早期作者发现的贝壳一样，与现存的物种非常相似，所以很容易识别。

更有挑战性的是那些与现存生物不相似的化石。一些早期的学者认为这些化石是神话中的野兽（包括龙）存在的证据。基督教的解释

是这些消失已久的生物在诺亚的洪水中被杀死，从此再也没有出现过；这次洪水被用来解释为什么一些海洋生物化石最终会出现在高地上——它们只是因为退潮的洪水搁浅了。

长于大地

化石的形成方式令人费解。亚里士多德曾说过，化石在地下自然生长，看起来像有机体。人们常常认为，塑造动植物的力量与将石头塑造成类似自然有机体的形状的力量是相同的。形状之间的对应被认为是这种力量作用的结果，或者可以表明宏观和微观领域之间有更大的对应关系，这在一个由神完美安排的和谐宇宙中是可以预期的。

新亚里士多德主义者的一种解释认为，一种被认为能直接从无生命物质中自发产生一些

> *余奉使河北，边太行而北，山崖之间，往往衔螺蚌壳及石子如鸟卵者，横亘石壁如带。此乃昔之海滨，今东距海已近千里。所谓大陆者，皆浊泥所湮耳。*
>
> *——沈括，《梦溪笔谈》，*
> *1080 年到 1088 年之间*

生物的植物性精神（anima vegetativa）也能作用于岩石，产生类似的形态。因此，类似鱼的化石是与作用于有机物生成鱼的力量（作用于岩石）相同的产物，或许是从河底的泥土中产生的。

1027 年，波斯博物学家伊本・西纳（Ibn

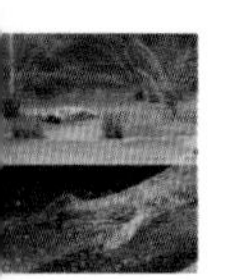

海到哪去了

中国学者、外交官沈括的《梦溪笔谈》（1088年）记录了他在中国游历中观察和调查的自然现象和野生动物。他概述了一种岩石形成的理论，其中涉及山脉的侵蚀、淤泥沉积形成沉积岩，以及上升作用形成山脉。他发现了远在内陆的贝壳化石，并将其解释为山体曾经在海底的证据。这些发现比欧洲同行早500年或更久。

Sina，在欧洲被称为阿维塞纳）提出了一个由亚里士多德首先提出的观点，认为某种“石化流体”是将古代贝壳变成石头的原因。萨克森的阿尔伯特（Albert）在14世纪进一步扩展了这一观点，在接下来的至少200年里，这一观点一直没有受到质疑。法国陶艺家、液压工程师和业余自然科学家伯纳德·帕里西（Bernard Palissy，1510—1589年）提出矿物溶解在水中形成“凝结水”，然后它们沉淀，使死去的生物石化，形成化石。这一说法与事实相去不远。

一层与另一层之间，还留有它们尚未干燥时虫子在它们之间爬行的痕迹。所有的海泥中都含有贝壳，贝壳和海泥一起石化了。

——列奥纳多·达·芬奇，《莱斯特手稿》（Codex Leicester）

1546年，阿格里科拉描述了各种类型的石头，他认为这些石头类似于活的有机体。他并没有暗示它们是有机的，而是更倾向于传统的说法，即它们生长在地下，采用了有机物的形状，但并不是有机物的来源。（“化石”在这个时候，指的是任何从地下挖出来的东西）

随着17世纪和18世纪后期科学态度的进步和更加开明，关于化石是有机还是无机来源的争论愈演愈烈。包括英国显微镜学家罗伯特·胡克（Robert Hooke，1635—1703年）和丹麦医生兼地质学家尼古拉斯·斯滕诺在内的科学家认为，化石是由以前有生命的有机体以某种方式石化而形成的。争论的另一方是英国博物学家马丁·利斯特（Martin Lister，1639—1712年）和威尔士博物学家爱德华·勒维德（Edward Lhwyd，1660—1709年），他们认为化石是一种奇特的岩石，从来都不是生物。勒维德支持这样一种观点，即化石是在生物体的种子被冲入岩石时生长出来的。导致它们长成有机物的同样的生成力（generative force）使它们在这种环境中长成了化石。

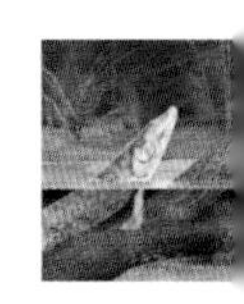

对于一些早期的思想家来说，诺亚的大洪水似乎解释了为什么海洋化石会在山顶上被发现。

鱼嘴之中

1666年，两名渔民在意大利利沃诺海岸捕获了一条巨大的鲨鱼。鱼头被送到当时在佛罗伦萨工作的斯滕诺那里。斯滕诺注意到，它的牙齿与当时被称为“舌石”的一种石头有着奇怪的相似之处。几个世纪以来，人们一直能够在意大利的岩石中发现舌石，甚至在远离海岸的地方也有。斯滕诺推断，事实上，它们是某些早已死去的动物的牙齿，不知何故变成了石头。

舌石和现存鲨鱼牙齿之间的相似之处很明显，以前就有人注意到了。1616年，意大利博物学家法比奥·科隆纳（Fabio Colonna）曾说过，舌石是鲨鱼的牙齿。与斯滕诺同时代的人，如胡克和英国博物学家约翰·雷（John Ray，1627—1705年），都得出了类似的结论。但斯滕诺进一步发展了这一观点，并由此发展出一套一致的体系，并考虑了化石如何产生。当时，认为所有物质都是由“微粒”（也就是我们所说的原子和分子）构成的观点越来越流行。斯滕诺认为，经过一段时间，原始牙齿中的微粒会逐渐被矿物质微粒取代，并慢慢变成岩石。

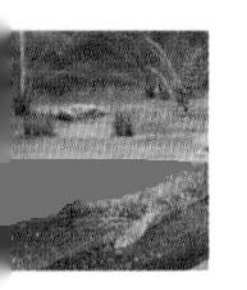

化石化

今天，人们认识到制作生物体化石的两个过程：完全矿化和置换。当携带溶解矿物质的地下水通过骨头、贝壳或木材等材料的微小孔隙渗透时，就会发生完全矿化。矿物质沉积在空洞中，增加了结构，而原始材料基本上保持完整。恐龙骨头和木头的化石通常是这样制成的。置换过程会溶解原始材料，并用矿物质置换。最常取代其他矿物的矿物是二氧化硅、黄铁矿和赤铁矿。

化石化的过程只有在适当的环境下才能开始。一般来说，有机物必须在尸体被食腐动物撕裂、被风吹散或以其他方式破坏之前被迅速掩埋。生活在快速掩埋和沉淀物稳定沉积地区的生物（生活在水中或靠近水中或淤泥处的生物）更有可能被保存为化石。

挖出真相

斯滕诺研究了意大利的岩石和悬崖，以寻找鲨鱼牙齿如何嵌入非水下岩石的解释。他注意到岩石经常呈现出不同的层次，并设计了他的地层学规则（见 77 页）和解释化石位置的理论。他认为，所有的矿物质最初都是流体，最终沉淀下来，可能来自海洋，形成了地层。随着后期的地层的铺设，它们会离地表更近，除非有什么东西打乱了它们。斯滕诺认为，有时动物（或它们的尸体）可能会在岩石铺设时被困住。这就解释了为什么经常在岩石深处发现化石。他还注意到，最古老的岩石中不含化石，而较年轻的岩石则经常含有丰富的化石。他的结论是，最古老的岩石在有动物存在之前就形成了；然而，化石层是由诺亚时代的洪水（以及后来的洪水）中沉淀下来的岩石形成的。

灭绝的问题

越来越多的化石被发现，它们看起来近似

帕里西的陶瓷制品在生物学上的精准性证明了斯滕诺非凡的天赋。除了解释石化现象，他还发现了泉水的起源，提出了地震和火山的理论；为巴黎杜伊勒里宫设计了花园，并描述了净水输送系统。他死在巴士底狱，享年 80 岁。

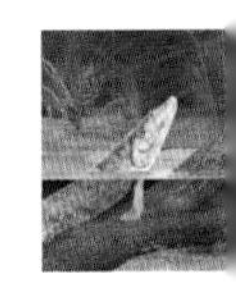

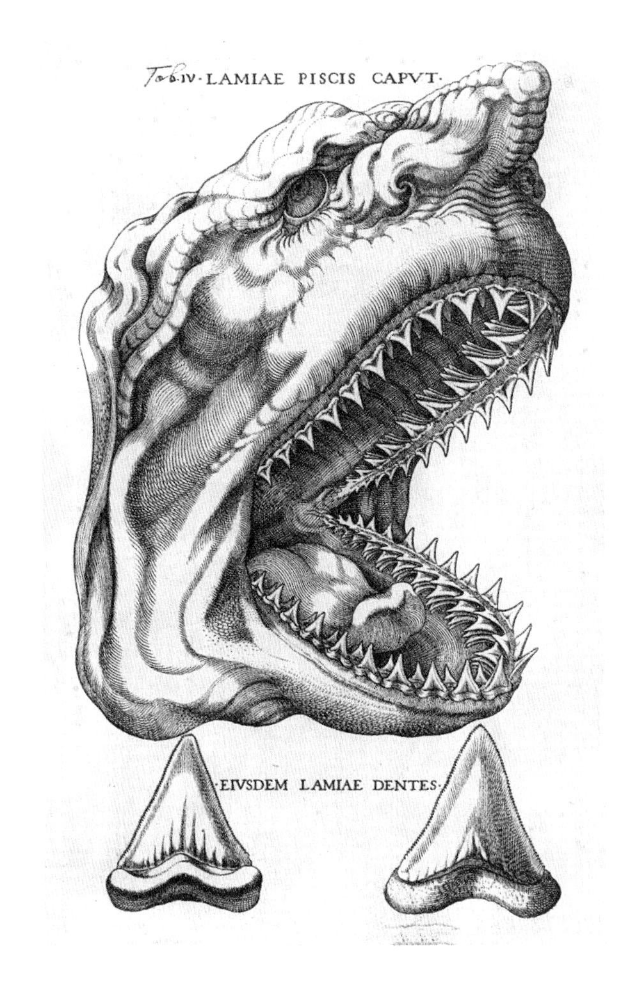

斯滕诺画的可怕的鲨鱼头和牙齿，他认为这类似于“舌石”。

但不完全像植物或动物。如果它们代表的是生物体，那么它们代表的生物体已经不在了，这与当时的观点不符，即上帝的一次伟大的大创造让地球遍布生物。它们与现有的生物体相似而非相同的事实使得它们不太可能是生物的起源。

约翰·雷得出结论，虽然有些化石可能是生物的起源，但并非所有的化石都是如此。菊石给他带来了一个特别的问题：菊石数量如此之多，分布如此广泛，却没有发现一个与之有亲缘关系的物种。雷不得不认为菊石是非生物。

地层之间

第一个认识到用化石可以确定岩石年代的地质学家是英国测量员威廉·史密斯（1769—1839年）。和斯滕诺一样，他认识到岩石是分层的，而且总是以相同的顺序出现。但他又提出了一个重要的发现，即特定类型的化石是在特定的地层中发现的。

史密斯曾在煤矿当过测量员，帮助矿主寻找建筑用的石料和煤炭，后来又从事运河的采石工作。他亲眼目睹了同样的岩层是如何在英格兰、威尔士和苏格兰发现的。1799年，史密斯、约瑟夫·汤森德（Joseph Townsend）和本杰明·理查森（Benjamin Richardson）（后者都是对化石感兴趣的神职人员）对在巴斯附近发现的地质地层做了一张图表，并给它们命名。他们注意到了岩石的物理特征以及其中存在的化石类型。

这项研究就此开始。最终史密斯于1815年出版了全面而漂亮的英国地质图——世界上第一张国家地质图。

在15年的时间里，史密斯独自绘制了英格兰、威尔士和苏格兰南部的地质图，覆盖面

积超过 17.5 万平方千米（67 500 平方英里）。他希望自己绘制的地图既易于理解，又能让人赏心悦目，并突然想出了为每个层次使用不同颜色的想法。这些地图是用 23 种不同的颜色手工上色的。每一层的底部都是最暗的阴影，越往上越淡，这样就很容易看清秩序。

进化之前的进化

史密斯关于化石的研究早于查尔斯·达尔文在 1859 年发表的进化论，但却强烈地暗示了这一点。生物地层学的概念依赖于这样一种观念：生物体随着时间的推移而变化，一些消亡，另一些出现。实际上，对于地质年代测定而言，最有用的生物是那些在相对较短的时间内普遍存在和常见的生物。当达尔文开始研究进化论时，化石记录为他提供了重要的证据。随着越来越多的化石被发现，人们对它们进行了更详细的研究，灭绝的概念变得引人注目。

然而，化石记录支持进化论的观点并没有被普遍接受。进化的说法并不是达尔文发明的——早在 18 世纪就已经是一个被讨论的话题了。与宗教思想的冲突已经开始了，人们对——上帝可能创造了一些生物，然后他抛弃了，或者更糟糕的是，“改进了生物”——的想法产生了强烈的反感。法国古生物学家先驱乔治·居维叶（Georges Cuvier）虽然承认物种灭绝，但他反对进化论是出了名的。

居维叶和史密斯是同时代人，居维叶的职业生涯是从比较化石和现存物种开始的。他是第一个证实印度象和非洲象是不同物种的人，而且它们不同于已经灭绝的猛犸象和一个被称为“俄亥俄州动物”的美国化石（后来他命名为乳齿象）。他注意到活着的树獭和南美的一个大型化石之间的联系，这个化石被他命名

这些化石要么是陆生的，要么不是，它们所代表的动物已经灭绝了。

—— 马丁·李斯特，1678 年

右图：菊石，比如这里发现的菊石是非常常见的化石。

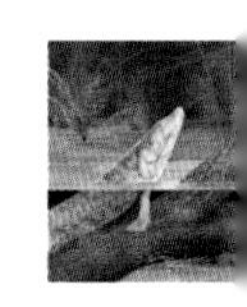

为巨獭（现在被称为一种灭绝的巨型地獭）。他在1796年发表的关于这两种生物的文章实质上解决了一场关于生物是否会灭绝的长期争论——生物显然会灭绝，而且即使在18世纪的巴拉圭，大地獭也很难隐藏。

对抗变化

居维叶坚定地认为，生物不会随着时间的推移而逐渐改变。他的证据包括拿破仑的远征军从埃及带回的动物木乃伊。这些动物的木乃伊是在几千年前就已经被做成了，却与现存的物种完全相同。让－巴蒂斯特·拉马克（Jean-Baptiste Lamarck，进化论的支持者）认为进化论太慢，在这么短的时间内不会显现出来。居维叶说，如果在短时间内根本没有变化，那么在很长一段时间内也不可能有变化。

虽然居维叶不相信进化论，但他在化石记录中发现了新的生物。他更喜欢的解释是，地球上的灾难一个接一个，每次灾难都会消灭一批生物，然后又有新的生物出现（但居维叶没有提出它们出现的机制）。这个模式最近的一次灾难是一场大洪水。居维叶引用了古希腊权

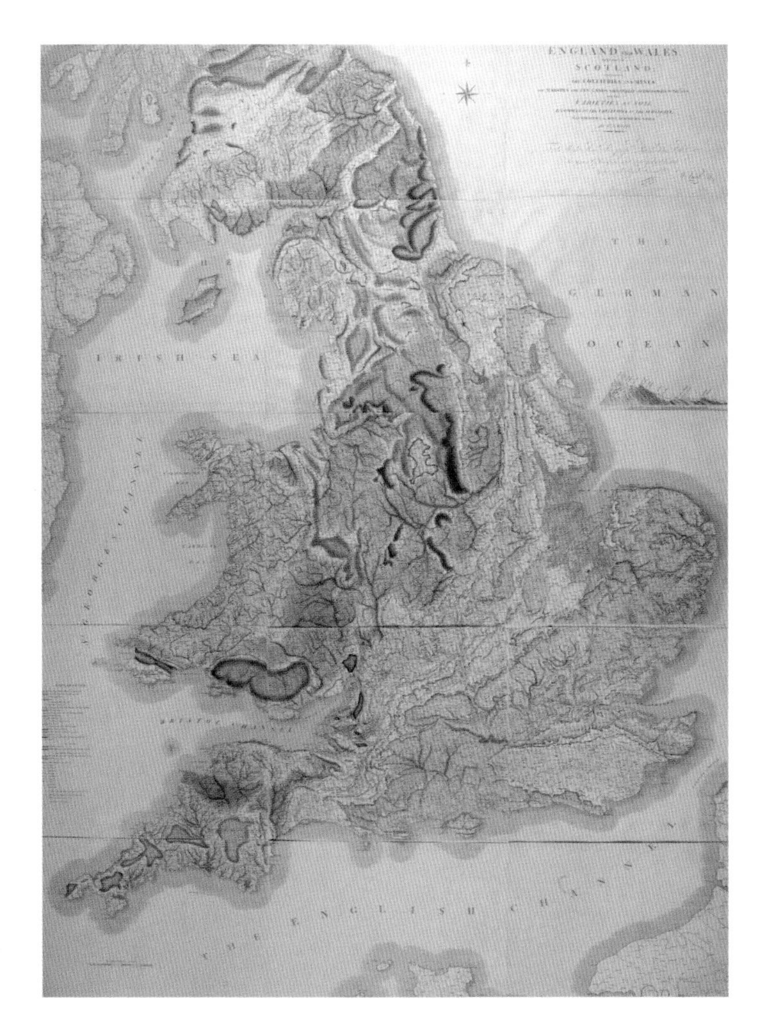

右图：史密斯绘制的英国国家地质图，这是世界上第一张国家地质图。

威廉·史密斯（1769—1839 年）

威廉·史密斯的父亲是一名铁匠，他的父亲在他只有 8 岁时就去世了。史密斯被送去和他有农场的叔叔一起生活。他把挤奶女工用来称黄油的“磅石”收集起来；事实上，这些都是大小一致的海胆化石。他还用“pundibs”玩弹珠游戏，“pundibs”是腕足动物（类似蛤类的海洋生物）的化石。

史密斯 18 岁开始当测量员。工业革命在英国如火如荼地进行着，为了驱动新的机器，国家对煤炭的需求量非常大。史密斯花了很多时间检查矿井，很快他就注意到，当他下到一个矿井时，他可以看到不同的岩石层，这些岩石层在一个矿井到另一个矿井之间按照可预测的顺序排列。

他很快就有机会验证自己的怀疑，即在全国各地都可能发现同样的地层结构。煤不仅要被发现和挖出来，还要往四处运输。运河网络被建立起来，以便在全国范围内运送货物。史密斯从 1794 年开始在萨默塞特煤矿运河工作，他在 1794 年进行了测量，并从 1795 年开始观察挖掘工作。很快，他就开始步行、骑马和乘坐马车旅行，并测量运河路线，每年行程约 16 000 千米（10 000 英里）。由于运河都是直接开凿的，这给了他一个绝佳的机会来比较整片土地上显露出来的地层。

史密斯发现，虽然可预测的序列随处可见，但并不总是能仅凭岩石的外观就能确定一个地层。

威廉·史密斯作为测量员的工作让他接触到了全国各地的岩层。

他很快发现，化石是解决这一问题的关键。有些化石跨越了几个层，而另一些只出现在一个单一的层，可以唯一地识别它。

他积累了大量的指准化石（Index fossil），用来识别岩层。他的“动物演替”原则（根据动植物化石鉴定岩层）至今仍被地质学界采用，他被认为是生物地层学领域（通过化石确定岩层年代）的奠基人。

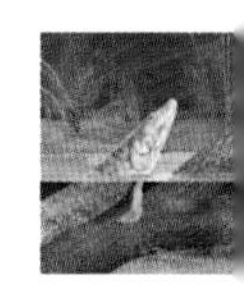

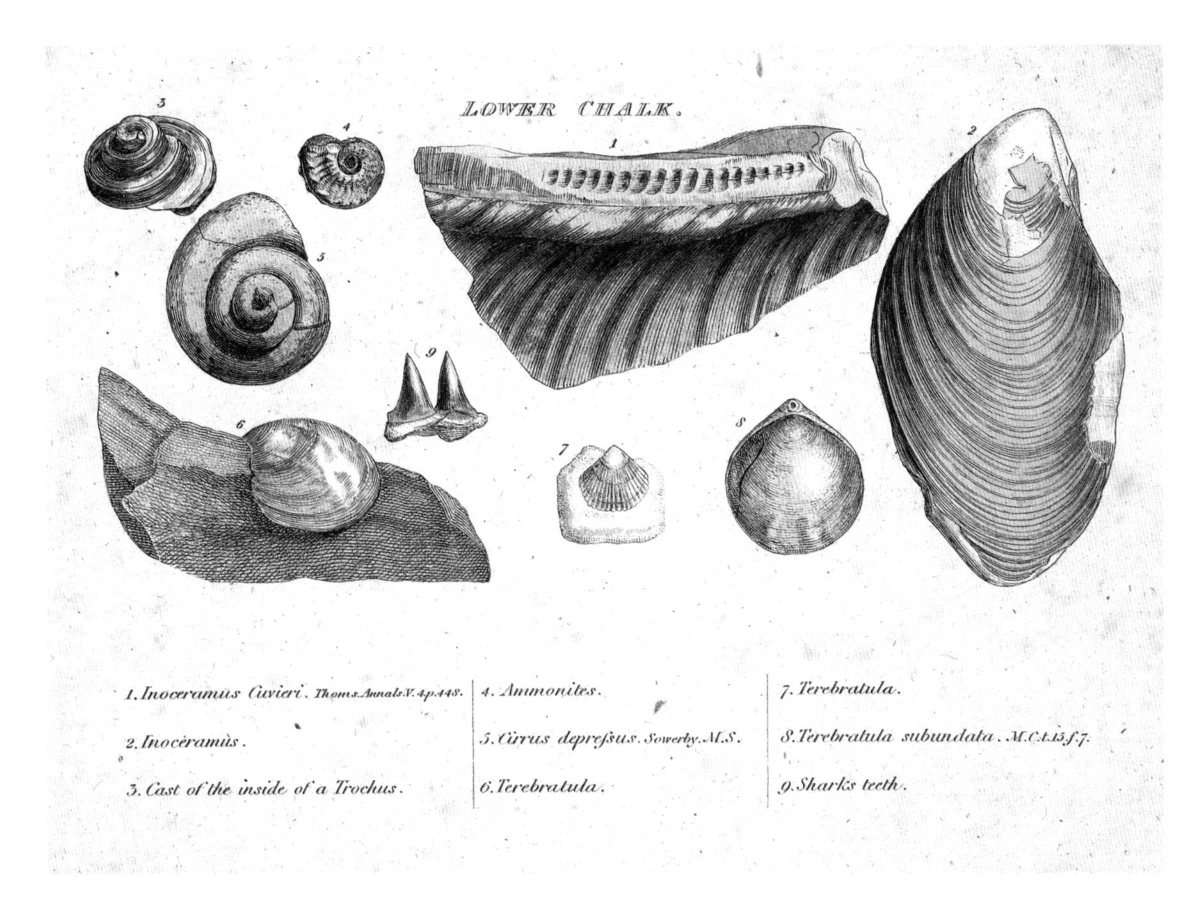

威廉·史密斯用来鉴定不同地区岩层的一些指准化石的插图。

威人士写过的关于洪水的文章，以及北美土著讲述的洪水的故事。

灾难！

居维叶关于灭绝时期的概念是灾变论的基础，而灾变论在 19 世纪初成为地球历史的主要模型。居维叶认为，在灾难之间，地球上的生命是相当稳定的，有机体保持不变。这种模式必然会在很长一段时间内发生，从而让居维叶得出结论：地球的历史肯定有几百万年了。这与基督教会所支持的传统信仰相违背，传统信仰认为创世后距今只有几千年。

虽然居维叶提出了洪水是最近一次改变地球的灾难，但他没有把它和诺亚的洪水联系起来。遗憾的是，当英国地质学家威廉·巴克兰（William Buckland）翻译居维叶关于化石的研究时，他在前言中加入了这一联系。居维叶提出的是一场局部的、持续时间较长的洪水，而诺亚方舟的故事则被认为是全球性的洪水，持续时间较短， 但这并没有困扰巴克兰，他坚持要为诺亚的洪水寻找地质证据。这种对居维叶研究的歪曲无意中使其理论在英国的接受染上

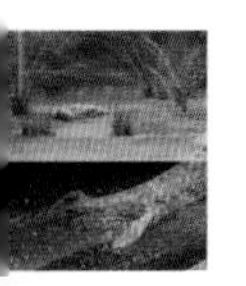

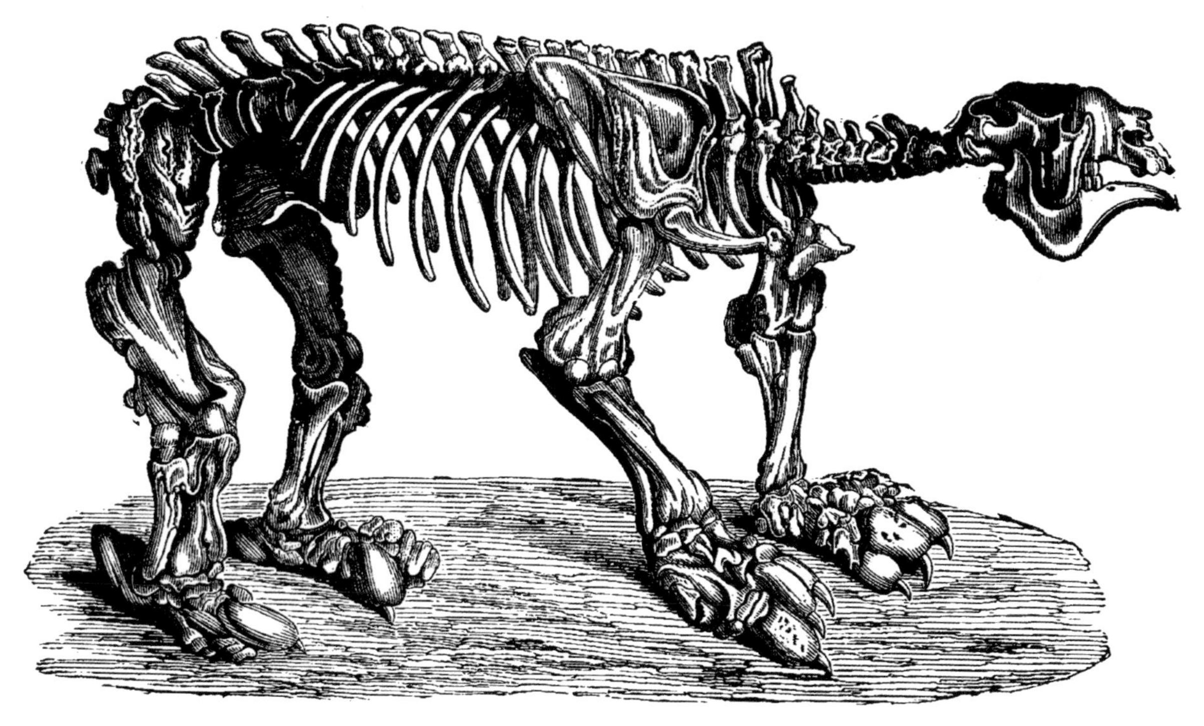

大地獭骨架早期描绘，大地獭是一种巨大的地面树獭。

了一层宗教色彩，这对理论没有什么好处。灾变论与宗教联系在一起的这种观点将自然事件解释为神的干预，这是毫无益处的。巴克兰最终放弃了对洪水的关注，转而研究可能发生的冰河灾难，即歌德在1784年首次提出的欧洲冰河时代（见122页）。

缓慢而稳定的

与灾变论相反的观点是缓慢的变化。就生物而言，这就是进化。进化论的第一个支持者让－巴蒂斯特·拉马克是一位法国动物学家，他曾被任命在巴黎国家自然历史博物馆负责（并取得了巨大的进展）无脊椎动物学的研究。

尽管拉马克的进化论在今天经常遭到嘲

过去的大象

居维叶检查了乳齿象的牙齿，并宣布它们与现存的大象不同，这些牙齿是1725年在南卡罗来纳一个种植园里工作的奴隶发现的。由于奴隶们是在非洲出生的，所以他们对大象很熟悉，因此能辨认出这些奇怪的、大的、带肋的石头与大象的牙齿非常相似。这是最早有记载的北美化石。

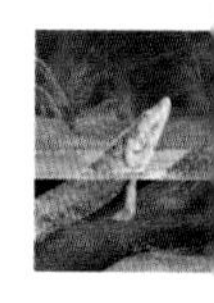

所有这些事实，彼此之间是一致的，而且没有任何报告反对，在我看来，似乎证明在我们之前存在一个被某种灾难摧毁的世界。

—— 乔治·居维叶，1796 年

笑，但它却是一个对动物如何进化的连贯解释。根据拉马克的理论，生物体的变化是对其所处环境的变化以及随之而来的需求做出的反应。一开始，动物的行为会发生改变，结果，动物的身体会经过几代的适应。这个假说的第一个“定律”是，使用或不使用会推动结构的发展：使用促进生长，而不使用则会导致收缩或丧失（所以鼹鼠的眼睛又小又弱，因为它们不用眼睛）。第二条法则是，使用或废弃所带来的变化是可以遗传的。拉马克经常引用的长颈鹿的例子说明了原因。最初，短脖子的长颈鹿伸长身体去够长在高处的叶子。一种“神经液”流入颈部，使其生长。这种情况持续了几代，后代继承了伸长的脖子，然后再进一步伸长，直到现代长颈鹿的形态实现。

乔治·居维叶是主张建立一个古老地球的早期先驱者，他的理论是基于他的灾变论模型，该模型描述了间隔很长的突然变化的时期。

拉马克还认为，进化是有方向的，自然界在努力使生物体趋于完美和复杂。他认为像原生生物这样的简单生物是不断自发产生的。他不相信生物曾经灭绝过，而是通过进化改变了形态。宗教界和科学界的反对者诋毁这一理论。对宗教界来说，自然世界不是上帝完美计划的实现，而是盲目力量的产物，这种观念是要遭到排斥的。

拉马克倾向于性选择，说“最强壮、最活跃的动物应该更能繁衍，而这个物种应该因此得到提升”。

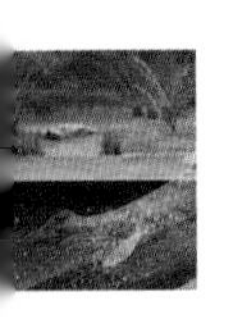

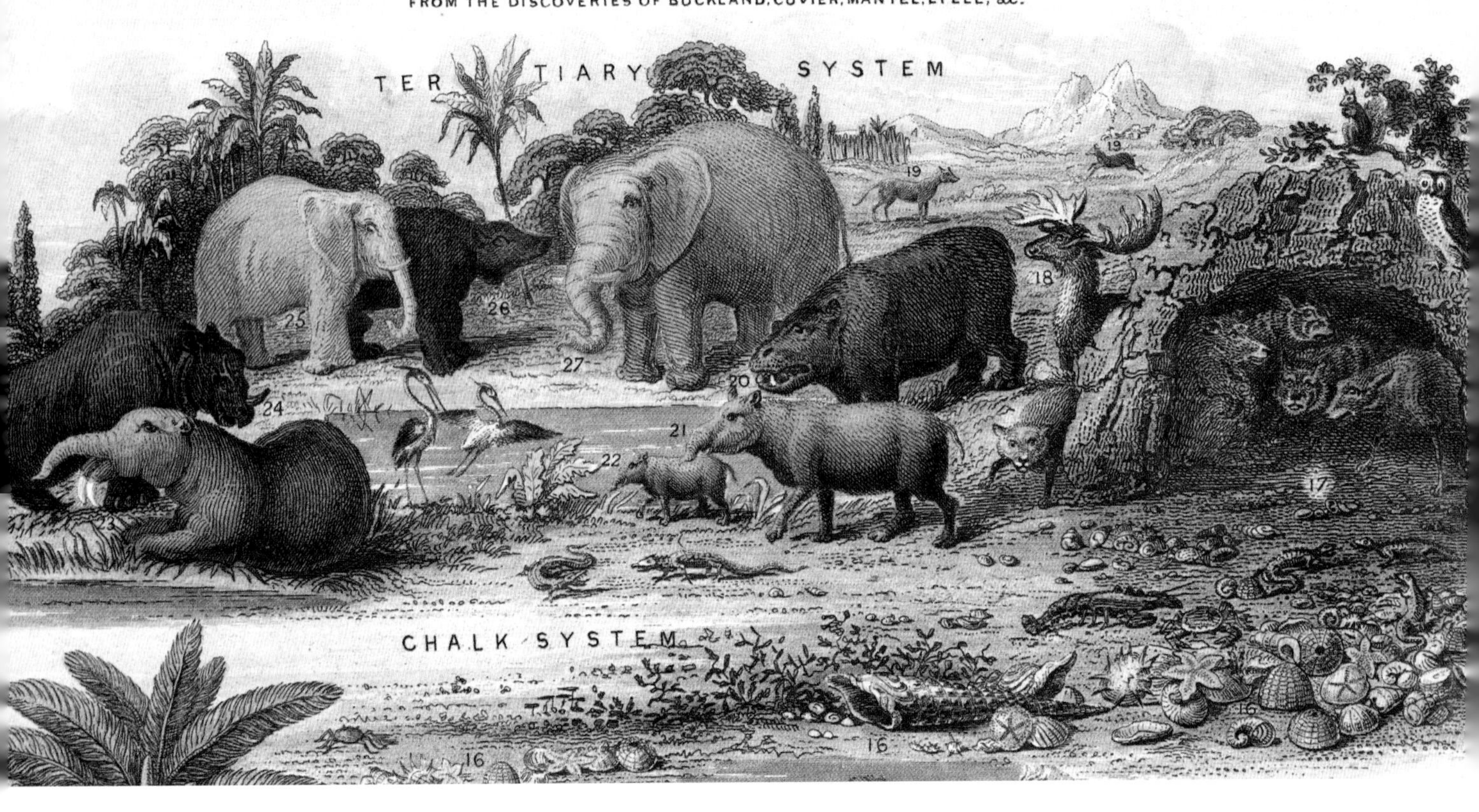

在灾难性的洪水之前存在不同物种的概念并没有被这位艺术家充分利用，他所画的动物与 19 世纪仍然存在的动物相当相似。

灾难有多严重?

正如我们所见，1785 年，詹姆斯·赫顿提出缓慢的过程会产生变化：这些进程不是简单地在进行，而是和以往一样正在进行。这个模型没有空间，也不需要对地质环境造成严重破坏的快速灾难。

然而，化石记录似乎对均变论提出了挑战。仔细研究化石记录发现了一些事件，在这些事件中，整个类别的化石在似乎很短的时间内消失了。这不仅仅是灭绝，而是大规模灭绝。最著名的（虽然不是最极端的）是在白垩纪末期（KT 灭绝事件），从陆地上消灭了所有的非鸟类恐龙，从天空中消灭了翼龙，从海洋中消灭了所有的菊石和大型爬行动物。这似乎正是“灾难性”这个词定义的情况。

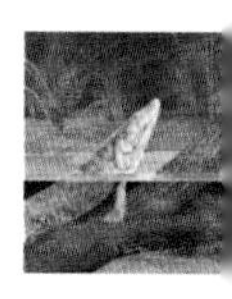

快速又缓慢的变化

到 18 世纪末，在史密斯利用化石来识别和排列地层之后，化石已成为地质学的组成部分。居维叶在巴黎盆地进行的研究就像史密斯在英国的研究一样，证明了不同的化石与不同的地层有关。他的解释依赖于用灾难来标记每个时代的环境和生物之间的转变。这些变化显然是剧烈的，因为巴黎周围的地区有时被海水淹没，有时被淡水淹没。

威廉·巴克兰（见第 153~154 页）曾从宗教角度看待居维叶的研究，当时他正在牛津大学任教，英国律师查尔斯·莱尔决定把注意力转向地质学。莱尔觉得巴克兰的灾变论不令人满意，尤其对试图将地质学与诺亚的洪水联系起来，并让上帝控制地球的形成和历史的做法提出了异议。莱尔决心在可靠的经验证据的基

上图：让－巴蒂斯特·拉马克，他的观点经常被嘲笑。但是最近表观遗传学的发展发现了一些遗传变化并不需要改变 DNA。这与拉马克关于“软继承”行为的观点是一致的。

下图：鼹鼠的地下生活不需要视觉，它可能最终会完全失去视觉。

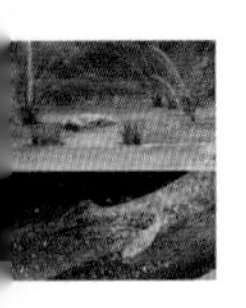

础上，把地质学确立为一门受人尊敬的科学。

他重新检查了巴黎盆地的地质，并调查了欧洲各地的许多其他地质遗址。他从赫顿的一项相当被忽视的研究中得到启示，莱尔发现他可以解释地质变化，而不用求助于上帝或突然的灾难事件。莱尔利用赫顿的侵蚀、沉积、压实、加热和隆起循环理论，认为地质过程在各个时期都是一致的，并提出了均变论（均变论是威廉·休厄尔（William Whewell）创造的，他还创造了"科学家"这个词）。变化在我们周围发生，但它是如此缓慢以至于我们都没有注意到它。

莱尔在巴黎盆地没有发现突然的灾难性变化的证据，却发现了地球在极长的时间尺度上经历有规律的周期性变化的证据。岩石的灭绝和变化似乎是突然的，因为数百万年的时间只体现在几厘米的沉积物和化石中。莱尔认为，巴黎曾经低于海平面，但其内陆位置的改变，并不是大灾变的结果。这种变化很可能是在非常长的时间内发生的。

地质学原理

莱尔在1830年出版了他的开创性著作《地质学原理》（*The Principles of Geology*）。它的中心论点是，地球表面是数百万年来由自然过程产生的微小变化的产物。查尔斯·达尔文在"小猎犬号"上的旅途中读了莱尔的书。在智利瓦尔迪维亚，达尔文经历了一次可怕的地震，并听说附近曾发生过火山喷发。他得出结论，两者的背后是同一种力量，火山之间是由地下岩浆连接起来的。他提出，如果火山内部的压力不释放，就会引起地震。达尔文对莱尔的假说深信不疑，以至于在写《物种起源》时，他也以这种逐渐累积变化的原理为依据。但莱尔研究的是地质变化，达尔文则专注于动物繁殖、竞争和遗传的驱动力上。

壁画上的贻贝

莱尔后来回顾了他最初的理论，以便在某些情况下进行更快速的调整。在参观意大利那不勒斯附近波佐利的罗马塞拉皮斯神庙时，他注意到三根高大的石柱，这些石柱周围有一条离地面有一定距离的线条；他认出这些线条是由一种贻贝所构成的。莱尔突然想到，在罗马人建造完神庙后的某个时间点，圆柱一定在水下。在其间的2 000年里，海平面又上升又下降。莱尔意识到，就地质年代而言，这些过程的作用是比较迅速的。早期的海岸线比莱尔的时代高2.74米（9英尺），但后来又上升了3.15米（10.3英尺），所以现在的海岸线比建庙时略高。地质学家认为这是地下岩浆膨胀和后退的结果。这种解释说明了相对快速的（地质术语）变化。

深层时间和岩石循环

莱尔的假说引入了"深层时间"的概念——一段不可思议的漫长历史。如果山体不断地被侵蚀，而我们在一生中却没有看到任何差异，即使参考我们最古老的记录——例如古希腊人的记载，也没有看到任何明显的变化，那么这个过程一定非常缓慢。如果一座山平均每年升

查尔斯·莱尔（1797—1875年）

查尔斯·莱尔出生在苏格兰金诺迪，是10个孩子中的老大，他的父亲是植物学家和文学翻译家。他们家在汉普郡的新森林（New Forest）还有一处房子。

莱尔在牛津大学学习，上过威廉·巴克兰的地质学讲座，听到了他的基督教化版本的居维叶的地球进化灾变论。1820年，莱尔成为一名律师，于1825年加入律师协会，但他意识到自己真正的兴趣在其他地方。他继续研究地质学，由于视力开始衰退，他于1827年放弃法律，成为一名地质学家。在19世纪30年代，莱尔成为伦敦大学国王学院的地质学教授，并出版了第一卷《地质学原理》。《地质学原理》综合了赫顿的观点和莱尔自己的观察和推论，被认为是有史以来出版的最重要的科学图书之一。后来出版于1863年的书《远古人类的地质证据》（*Geological Evidence of the Antiquity of Man*）提出了人类在地球上已经存在了很长时间的证据，但并没有明确地认可进化论。莱尔仍然坚信，人类在自然体系中是特殊的。

莱尔是查尔斯·达尔文的密友，他鼓励达尔文发表他的进化论，尽管他自己的宗教信仰意味着他对这一观点有所保留。

地质学家查尔斯·莱尔被封为爵士，并于1864年获得准男爵（世袭的荣誉）。

他一度认为，不同地区不同生物的出现是由当地的创世中心产生的；他从不相信新物种可以通过完全自然的过程产生。

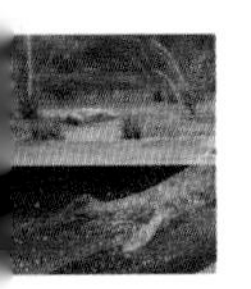

在塞拉皮斯神庙，莱尔（坐在左边的那个人）注意到了水位从罗马时代起就起起落落了——这表示存在相当大的地质变化。

高或下降1厘米，那么它将需要1万年（是整个人类文明的两倍）才能升高或下降100米（328英尺）。如果没有先进的技术来测量，这种变化是不可能被发现的。而要把山从平原上拔起，或者把山化为尘土，又需要多么漫长的时间？

当缓慢的过程影响地质变化变得明显时，人们就不可能接受地球只有几千年历史的传统观点了。即使是开尔文认为地球可能有1亿年的历史的观点也与实际情况相差甚远。

循环再循环

今天我们知道，形成和破坏的循环过程共同形成了岩石循环。赫顿是第一个提出地质过程循环模型的人，不过他提出的循环模型比构造学的知识要简单得多。它的理论侧重于热作用将沉积物转变为岩石并产生隆起（见 81 页）。现代版本的岩石循环更为详细。

变化的世界

随着陆地和海洋里生命的繁荣，地球受到的影响比起它还是一块冷却的贫瘠岩石时更大。

在地球上生存和死亡的生物改变了土壤、岩石、空气和水，它们所造成的变化也改变了生命。大气层、水圈和岩石圈由生物圈连接和塑造；在接下来的几亿年里，它们的命运将更加紧密地纠缠在一起。

莱尔的《地质学原理》第二卷的扉页上写着：1832 年，西西里岛上的埃特纳火山。

第八章

灭绝的日子

渡渡鸟过去常到处走走，享受阳光和空气。

太阳依然温暖着渡渡鸟的故乡——渡渡鸟却已然不在世上！

—— 希莱尔·贝洛克（Hilaire Belloc），《渡渡鸟》，《坏孩子的野兽书》，1896 年

大自然在整个陆地上散播生命的伟大冒险一开始就遇到了麻烦，大规模的死亡循环往复。地球上的生命陷入了一种模式：先是多样化，后是灭绝，再是新的方向上的多样化。这种循环是地质学、气象学和生物学的复杂交织。

渡渡鸟是近代最著名的灭绝动物，直到17 世纪毛里求斯的森林里还游荡有渡渡鸟。

两栖动物，像这些蟾蜍，成年后生活在陆地上，呼吸空气，但必须保持湿润并在水中产卵。

四足鱼和四足动物

土壤使植物和动物能够离开海洋。四足鱼后来发展成两栖动物，它们仍然在水中产卵，但成年后能够呼吸空气，至少有一段时间在陆地上生活。

小心空白

我们只能通过调查生物的化石来了解生物的发展过程。但有时没有化石可以研究。

化石记录上的这些空白意味着科学家几乎没有任何证据可以继续研究。令人沮丧的是，生物从海洋到陆地的运动就属于这样的空白。我们不清楚为什么会这样，直到最近，人们还认为，也许因为地质条件不利于化石形成，或者在这些空白期生物多样性很少。也许地质学家只是没有找对地方。一般来说，只有当化石接近地表或在有大面积岩石暴露的海岸时，才会被发现。可能有很多化石永远不会被发现，因为它们被深埋在地下或海床下。在化石记录中，大约在四足动物（有四只脚的动物）登陆时出现的空白被称为罗默空白（Romer’s Gap）。罗默空白是以阿尔弗雷德·罗默（Alfred Romer）的名字命名的。罗默空白位于3.60亿年至3.45亿年前，处于泥盆纪末期和石炭纪初期。泥盆纪结束时，发生了一次大规模的灭绝事件，其破坏性甚至比结束非鸟类恐龙统治的事件还要大。这一事件之后，鲨鱼和鳐鳍鱼在海洋中游动，两栖动物在陆地上行走，但很少

1971 年，人们在苏格兰发现了一具四足彼得普斯螈（Pederpes）化石，但直到 2002 年才被认定为两栖动物。

有证据显示从鱼足动物到两栖动物的变化。

鱼足类动物似乎在灭绝事件之前就已经行动起来了，在罗默空白期间蓬勃发展，到灭绝事件结束时则以两栖动物的身份出现。在苏格兰和新斯科舍已经出现了化石，这表明两栖动物在这一时期正在多样化（苏格兰和北美当时是一个连续的陆地）。来自苏格兰的证据也削弱了早先的理论，即在空白期间低水平的氧气可能导致了低多样性。苏格兰的重要发现之一是彼得普斯螈（Pederpes），现在被认为是第一种现代四足动物。它的前脚是朝前的，有 5 个脚趾，头骨又高又窄，这可能表明它是通过肌肉活动呼吸的，而不是蛙类的喉袋呼吸机制。

湿体

郁郁葱葱、温暖的泥盆纪是两栖动物的理想环境，这也是它们进化的原因，因为气候和生物是紧密联系在一起的。广阔的内陆沼泽意味着它们可以很容易地获得水。节肢动物数量的增长为它们提供了食物。节肢动物，如蜻蜓，它们在水中产卵，并以若虫的形式生活在那里，为两栖动物提供了水和陆地上的食物供应，因此喂养了成年和未发育成熟的两栖动物。大多数两栖动物，如青蛙，即使成年后大部分时间生活在陆地上，都有一个生活在水中的幼虫阶段。在泥盆纪，两栖动物长得更大，也更成功，它们的腿和肺适应了陆地环境。

其中一组是特别多样化和成功的。离片椎目（Temnospondyli）类似于大蝾螈，其中一些长度可达 5 米（16.5 英尺）。这个群体存活了 2.1 亿年——两栖动物比恐龙存在的时间还长。随着时间的推移，一些离片椎目长出了坚硬的鳞片，这将有助于在它们远离水的时候锁住水分。今天的两栖动物都没有鳞片。只有从两栖动物进化而来的爬行动物才保留了这种鳞片特征。

硬的和软的卵

成为爬行动物并不是简单地进化鳞片和远离水的问题。爬行动物是最早的动物：它们产下的卵有一个不透水的外壳，不需要保持潮湿。爬行动物的卵包含羊膜，这层膜包含着成长中的胚胎、其周围的液体和营养丰富的卵黄囊。羊膜卵可以保留在动物体内（如哺乳动物），也可以在体外产下和孵化（如鸟类和爬行动物）。羊膜卵的发展是进化过程中最重要的步骤之一。在陆地上进行体外孵化的卵有坚硬或皮革状的外表，上面有足够小的气孔，可以让气体通过。这意味着，与两栖动物的卵不同，它们不需要在水中产卵。与两栖动物相比，爬行动物拥有巨大的优势，因为它们可以在遥远的内陆产卵，从而切断了与水的最后联系，而水不是它们饮食中必不可少的一部分。爬行动物的卵会孵化成较小的成年动物形式，而不是

3.3 亿年至 1.2 亿年前，离片椎目懒洋洋地躺在河岸上。

从水中产卵到在陆地上产羊膜卵，对今天的爬行动物祖先来说是一种优势。但那些返回海洋的爬行动物，比如海龟，却处于不利地位。因为脆弱的幼仔必须冒着危险冲向海洋。

外形非常不同的幼虫形式。

爬行动物的崛起

羊膜卵意味着爬行动物可以传播得更广，在石炭纪，这并不是一个非常显著的优势，因为当时地球的大部分地区是热带，并且潮湿。但在下一个时期，即二叠纪，气候更冷、更干燥，爬行动物可以更容易地利用它们的产卵适应能力。超级大陆盘古正在形成，这意味着将出现广阔的、干燥的内陆地区。慢慢地，形成北（欧美大陆）和南（冈瓦纳大陆）的陆地碰撞在一块，形成了更大的陆地，推高了盘古大陆中部的山脉。现在它们的遗迹在北美洲的阿巴拉契亚山脉、摩洛哥的小阿特拉斯山脉和苏格兰的高地上随处可见。

尽管这些山脉形成的速度很慢，但合并的大陆带来了它们原有的山脉，并在二叠纪早期的阴影下形成了干旱地区。在陆地上，只有爬行动物才有能力在它们认为合适的地方产卵。许多两栖动物灭绝了，有些则完全回到水中，变成了生活在河流或海洋中的物种。陆地上很快就被大型的、通常是肉食性的爬行动物支配，它们多样化以适应不同的生态环境。但麻烦即将来临。

大灭绝

二叠纪末期的大灭绝事件是地球史上最严重的灾难。它发生在 2.52 亿年前，消灭了 70% 的陆生物种和 96% 的水生生物，它被称为“大灭绝”可谓恰如其分。

这次灭绝很可能是在相隔 20 万年的两次突然的灾难中发生的，其间有一些恢复。从微生物到最大的爬行动物和鱼类，大片的陆地和海洋变得贫瘠荒芜，食物链被撕裂。之前和之

北美洲的阿巴拉契亚山脉是 4.8 亿年前形成的中央盘古山脉的遗迹。

后都没有发生过类似的事情。

直到20世纪80年代，沃尔特和路易斯·阿尔瓦雷斯（Luis Alvarez）夫妇提出大约6 600万年前恐龙和许多其他生物大规模灭绝之后，二叠纪末的灭绝才引起古生物学家的重视（见175页）。在20世纪90年代，有人提出，二叠纪末期事件的原因是以全球极端变暖为形式的气候变化。气候变暖可能是形成西伯利亚地盾的火山喷发所释放的二氧化碳的温室效应的结果。火山喷发出的熔岩足以覆盖整个美国深达1 000米的程度，足够的二氧化碳使全球陆地温度升高约10℃。海洋温度上升了20℃，最高可能达到严重的40℃。火山爆发还带走了海洋中76%的氧气，导致海洋生物窒息。随着气温升高和缺氧，陆地上的许多生物死了，包括大树、植物、昆虫、较小的爬行动物，甚至微生物。

也有可能是火山爆发点燃了一些巨大的石炭纪煤田，将更多的二氧化碳释放到大气中。火山爆发的热量很可能蒸发了西伯利亚岩石圈的危险化学物质，释放到空气中。地下的卤素（氯、溴和碘）也会扩散到地球的空气中，产生酸雨并破坏臭氧层。在大灭绝时期的岩石层中发现了大量的镍，这表明不那么易挥发的毒素可能也在周围扩散。

2018年，研究科学家贾汉达尔·拉梅扎尼（Jahandar Ramezani）通过对大灭绝前后形成的岩石的研究揭示，有证据表明，在大灭绝之前存在变暖现象，不过最严重的变暖发生在大灭绝之后。尽管受到全球变暖的压力，拉梅扎尼从灭绝事件之前的化石记录中没有发现物种消失增加的模式。大灭绝发生得非常突然，可能只发生了几百年，但其导火索目前还不清楚。

环境灾难有临界点，超过临界点，不幸就会变成大灾难。当植物死亡后，食草动物很快就会跟着死亡，然后是以食草动物为食的肉食

来自西伯利亚地盾的玄武岩。这是300万立方千米（72万立方英里）熔岩的一部分。

日期	导致	影响
4.44 亿年，奥陶世末期	全球变冷，产生了冰河时代。可能是由于阿巴拉契亚山脉的抬升，它们新暴露的硅酸盐岩石吸收了大气中的二氧化碳	86% 的物种消失
3.75 亿年	海洋缺氧，可能是由于陆地植物从地面吸收养分引起的。这些营养物质被冲进海洋，导致藻类大量繁殖，耗尽氧气	75% 的物种消失
2.52 亿年，二叠纪	全球变暖，西伯利亚地盾火山爆发导致的过量二氧化碳和海洋缺氧	90% 的物种消失
2 亿年，三叠世末期	原因不明	80% 的物种消失
6 600 万年，白垩纪末期	小行星撞击	75% 的物种消失

一次大的小行星撞击是瞬间发生的，但却能抹杀数百万年的进化。

动物。

其他所有动物都面临饥荒时，会有一场为食腐动物和微生物准备的盛宴——只是暂时的。当污染和残骸被冲入大海和河流时，破坏性就会蔓延到水生环境，即使它们已经躲过了第一次冲击，也躲不过这第二次。

灭绝是进化的反面。虽然居维叶已经证明了一些生物已经灭绝，但科学界对个别物种的灭绝都接受得很慢。莱尔反对灭绝说。他认为，虽然一种生物可能会因为当地的条件而在一个地区灭绝，但它可能会从另一个地区重新引入，而在不同的条件下，它可能会存活下来。这听起来可能很天真，但考虑到莱尔反对全球灾难形成化石记录的观点，这在一定程度上是可以理解的。如果所有的灾难都是局部的，动物随意地散布在世界各地类似的环境中，那么应该有可能重新引入它们——就像我们现在所做的那样。但中间地带（也是真实情况）是渐进变化和灾难性事件的结合。虽然后者在形成地球的地质历史方面并不像人们曾经认为的那样重要，但它们在决定生命所走的道路方面却非常重要。

灭绝

从注意到单一生物的消失，到意识到整群生物同时消失，再到计算这种消失，这是一个很大的进步。2.5 亿年前化石记录的变化是如此极端，以至于 150 年前就被发现了。英国地质学家约翰·菲利普斯制作了一份化石广泛存在的水平随时间变化的图，化石数量的下降与现在公认的灭绝事件非常吻合。

古生物学家普遍认为，除了 20 多亿年前厌氧微生物灭绝的那次，世界上曾发生过 5 次大规模灭绝事件（见第 169 页）。这 5 次大灭绝事件至少杀死了 70% 的物种，但这只有助于我们对它们进行分类，并不能反映大规模灭绝事件和非大规模灭绝事件之间的绝对区别。在很多事件中，不到 70% 的地球物种在短时间内灭绝。

从地质角度来说，一百万年只是很短的一段时间。现在人们所认识到的灭绝事件可能是由某个瞬间的事件引发的，例如，一颗小行星某天下午撞击了墨西哥海岸，或者是比整个人类历史更长时间内持续发生的事件。2006 年南恩·阿伦斯（Nan Arens）和伊恩·韦斯特（Ian West）提出的“压力 / 脉冲（press/pulse）”模型表明，大规模灭绝通常需要两种原因同时起作用：第一种是对生态系统的长期压力，如火山活动或气候变化（“压力”刺激）；第二种是在相当长一段时间的生态压力（一种“脉冲”刺激）之后突然发生的灾难性变化。

四足重生

地球上的生命花了大约 1 000 万年才从大灭绝中恢复过来。最先恢复的是“灾难类群”。灾难类群是指在局部或全球灾难对生态系统造成破坏期间和之后，在某一地区大量繁殖的一种生物。灾害类群也被称为“先锋生物”，它们是见缝插针的，向没有生物的地区扩散并对这些地方加以利用，在那里繁衍生息。

四次、五次或六次灭绝?

“大规模灭绝”一词是诺曼·纽威尔(Norman Newell)在1952年创造的。1982年,大卫·M. 拉普(David M. Raup)和杰克·塞科斯基(Jack Sepkoski)确定了寒武纪大爆发以来的五次大灭绝。

2015年,随着1993年中国古生物学家金玉首次发现的另一次物种灭绝事件被证实也是一次大规模灭绝,“五大灭绝”的故事被打断了。卡皮坦(Capitanian)大灭绝据说发生在2.62亿年前,仅比大灭绝早1 000万年。这次灭绝是通过绘制记录中消失的化石种类数量,因一个巨大的峰值而发现的。2020年发表的一项研究质疑了3.75亿年前灭绝事件的存在。

角头兽(Keratocephalus)是一种食草性兽孔目爬行动物,生活在二叠纪晚期(大约在可能的卡皮坦物种灭绝的时期)。

上图：水龙在二叠纪大灭绝后蓬勃发展。

右图：叉蕨是二叠纪末期灭绝的另一个幸存者。它的化石在南美洲、大洋洲、南非和南极洲都有发现。

随着其他生物的回归或进化，灾难类群被挤回一个较小的、边缘的生态位。

在二叠纪末之后繁盛的灾难类群中有水龙（Lystrosaurus，一种强壮的、如猪大小的食草性兽孔虫）、海洋腕足动物舌龙（Lingula）和叉蕨（Dicroidium）。与灭绝前的多样性不同，仅水龙就代表了大约 90% 的陆生脊椎动物。

据估计，生态多样性的恢复需要 400 万至 3 000 万年的时间。当恢复的时候，它带来了有史以来地球上最具标志性的动物：恐龙。

发现恐龙

现在很难想象不知道恐龙的存在，但它们直到 19 世纪才被发现。第一块已知的恐龙化石是在 1676 年或 1677 年由罗伯特・普洛特（Robert Plot）描述的，尽管他没有意识到那是什么。起初他以为是某种大象的骨头，后来怀疑是巨大的人类股骨的末端。普洛特没有给它命名，化石也早已丢失很久了，但是 90 年后，理查德・布鲁克斯（Richard Brookes）复制了他的画并将其命名为“巨人阴囊”（Scrotum

超级大陆上更可怕的死亡

保罗·威格纳尔（Paul Wignall）从2015年的一项研究中得出结论，超级大陆的大规模灭绝情况更严重。当地球陆地是一个整体时，这个系统在清除火山爆发或小行星撞击等事件造成的额外二氧化碳方面的表现非常糟糕，因此很容易引发可怕的全球变暖。自6 600万年前的KT事件以来，没有出现大规模物种灭绝，部分原因就在于我们目前的大陆板块布局。

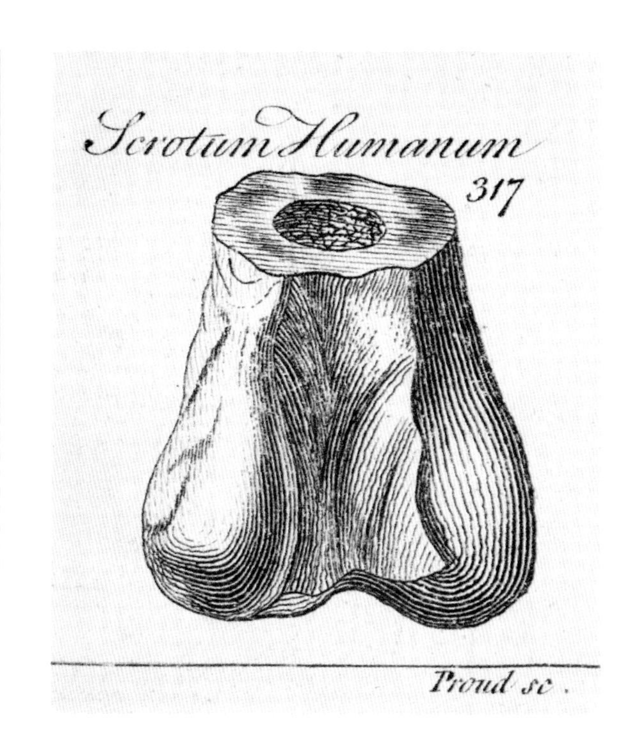

普洛特画的他无法辨认的骨头，现在被认为是巨龙股骨的末端。

humanum）。理论上，这个称呼现在应该用在巨龙（股骨的真正主人）身上，因为作为第一个被命名的名字，它占据了先机。但国际动物命名委员会裁定，要把恐龙从以阴囊命名的屈辱中解救出来，所以它保留了威廉·巴克兰在1824年授予它的"斑龙"（Megalosaurus）这个称呼。

1842年，英国生物学家理查德·欧文（Richard Owen）为一群已经灭绝的大型爬行动物创造了"恐龙"（意为"可怕的蜥蜴"）这个名字。当时，只有三只恐龙被发现，它们都在英国，分别是斑龙、禽龙（Iguanadon）和林龙（Hylaeosaurus）。不过，也发现了其他大型爬行动物化石。玛丽·安宁（Mary Anning）与她的父亲和兄弟一起，曾在1811年发现了类似鱼龙（Ichthyosaurus）的化石，在1821年发现了大型的海洋爬行动物，被称为冥龙（Plesiosaurs）。1808年，居维叶发现了一种巨大的海洋爬行动物，后来命名为沧龙（Mosasaurus），并发现了一种飞行爬行动物，他称之为翼龙（Pteradactylus）。

居维叶是第一个推测曾经有过"爬行动物时代"的人，现在看来，他是对的。1824年，吉迪恩·曼特尔（Gideon Mantell）意识到，他两年前发现的牙齿化石是一种巨大的蜥蜴状动物的牙齿，他把这种动物命名为禽龙有鬣蜥的

意思，因为这种牙齿化石很像鬣蜥）。1831年，他发表了一篇题为《爬行动物的时代》（*The Age of Reptiles*）的论文，在论文中，他建议把一个地质时代分为三个阶段（以反映发现化石的三个不同的岩层），那时有许多种大型爬行动物在地球上游荡。我们现在认为恐龙的时代跨越三叠纪、侏罗纪和白垩纪。

又多又快

当人们开始寻找恐龙和其他爬行类动物的化石时，它们就在采石场、海岸线、海滩和河床、被侵蚀的悬崖和峡谷——任何一个暴露出合适年代岩石的地方，大量而迅速地出现。在德国发现了始祖鸟，一种小型有羽毛的动物，看起来像恐龙和鸟类之间的过渡形式（不过事实证明鸟类是由中国的类似生物进化而来）。很快，北美就会发现比任何人想象的都要大的恐龙。

就在1861年第一只完整的始祖鸟被发现之前，威廉·福尔克（William Foulke）听说1858年在新泽西州的一个农场里挖出了一些大骨头。他组织人员对它们进行了发掘，并拼凑出了鸭嘴龙（Hadrosaurus）。1868年，这成为世界上第一具装裱好的恐龙骨架。在美国东部发现了其他各种各样的化石，但美国恐龙古生物学真正腾飞是在19世纪60年代的北美大陆西部。

埋骨之地

在侏罗纪时期，北美被西部内陆海道垂直分割。大家都很熟悉的北美大型恐龙，从剑龙、长颈龙到三角龙和霸王龙，都生活在西海岸。1870年，古生物学家奥斯尼尔·马什（Othniel Marsh）带领一支化石探险队前往西部。在接下来的几年里，他和他的竞争对手爱德华·德林克·柯普（Edward Drinker Cope）竞相寻找、发掘和命名尽可能多的恐龙和其他化石。他们的“骨头之争”和个人恩怨一直持续到1897年柯普去世。到那时，两人都因寻找恐龙的行为而在经济上破产。尽管在此期间，柯普和马什的行为很糟糕，但他们还是发掘出了令人眼花缭乱的各种北美恐龙。1902年，霸王龙被巴纳姆·布朗（Barnum Brown）加入了寻找的目标猎物清单中。在20世纪和21世纪，越来越多的恐龙在南美、非洲、中国、蒙古和印度

始祖鸟化石展示了其惊人的羽毛细节。

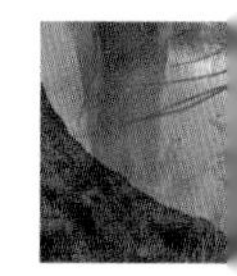

次大陆被发现。包括南极洲在内的每个大陆都发现了恐龙，这证实了居维叶的猜测，即地球上确实存在过巨型爬行动物四处漫游的时代。

一切都归于沉寂

现在，我们只有鸟类来代表早已灭绝的恐龙。大约 6 600 万年前，非鸟类恐龙从化石记录中突然消失。在很长一段时间里，这一现象的原因一直是个谜，但在 1980 年，一位年轻的美国地质学家沃尔特·阿尔瓦雷斯（Walter Alvarez）在他的父亲、诺贝尔物理学奖得主路易斯（Luis）的帮助下，终于解开了这个谜。

在意大利研究古比奥附近的岩层时，那里 400 米（1 312 英尺）深的一块区域代表了 5 000 万年的古代海床，阿尔瓦雷斯发现了一层薄薄的黏土，只有一厘米厚，将两层石灰石分开。这两层都含有孔虫（微小的单细胞海洋原生动物，能在自己周围建造壳）。下层孔虫种类繁多，但上层的种类较少，个体较小。阿尔瓦雷斯一直在研究磁场倒转，他能够确定黏土层的年代为白垩纪末期和第三纪初期。这一层现在被称为 KT 边界（K 来自 Kreide，白垩纪的德语说法）。当阿尔瓦雷斯意识到黏土层与恐龙的灭绝相吻合时，这变成了他的研究重点。他的第一个任务是找出黏土层沉积所花的

三角龙（Triceratops）在 6 800 万至 6 600 万年前穿越了北美。

路易斯和沃尔特·阿尔瓦雷斯在意大利古比奥附近的岩石中研究 KT 边界。

时间。

路易斯建议使用一种以稳定速率沉积的放射性元素来计算时间。他们选择了铱元素。铱元素一直少量存在于太空尘埃中，陨石中铱元素的含量是地球上的 1 万倍。令他们惊讶的是，黏土层的铱含量是他们预期的 30 倍。他们测试了 KT 边界的其他暴露部分，发现丹麦哥本哈根的辐射水平是预期的 160 倍。

在西班牙和新西兰也出现了铱的峰值，这是一个全球性的事件。路易斯·阿尔瓦雷斯意识到铱元素一定来自太空。钚没有激增，所以它不是由附近的超新星在地球上落下碎片造成的。后来，一位天文学家朋友克里斯·麦基（Chris McKee）提出了小行星撞击地球的设想。根据球粒陨石的铱含量，路易斯计算出，撞击者的直径应该是 3 000 亿吨，直径为 10 千米（6 英里）。它将形成一个宽 200 千米（124 英里）、深 40 千米（25 英里）的陨石坑。

小行星大冲撞

这种小行星撞击后的情景非常可怕。这颗小行星以每秒 25 千米的速度撞击地球时，将以 1 亿颗原子弹的冲击力撞击，并把气化和熔化的岩石抛向月球。一个巨大的火球会立即杀死几百千米内的一切。海啸、山体滑坡和地震几乎会在瞬间发生。大气中的尘埃可能遮蔽了阳光长达数月之久，杀死了植物，撕裂了食物链。任何大于 25 千克（55 磅）的陆地动物都没能在这次事件中幸存下来。

阿尔瓦雷斯团队在 1980 年发表他们的理论时，他们的许多同事持怀疑态度。灾变论已经被渐进式变化论取代，因此阿尔瓦雷斯的理论似乎是一种倒退。沃尔特需要更多的证据，比如说，陨石坑。但没有在已知的正确时期出现的大型陨石坑；沃尔特开始认为撞击一定是在海里。然后，在得克萨斯州的河床上，他们发现了一条线索。他们发现了可能发生在 KT 灭绝时期的海啸特征沉积物。这次海啸将有 100 米（328 英尺）高，远远高于以往已知的任何海啸。2004 年，印度洋发生了毁灭性的海啸，海浪高达 30 米（100 英尺），造成近 25 万人死亡。河床中也有熔融石——在从空中坠落时被熔化并迅速凝固的岩石团块。这就是阿尔瓦雷斯小组一直在寻找的证据。

艾伦·希尔德布兰德（Alan Hildebrand）当时是一名地质学研究生，他计算出海啸一定是由在墨西哥湾或加勒比海的撞击造成的。更多来自海洋和地球的熔融石表明，撞击发生在大约 1 000 千米（621 英里）之外。希尔德布兰德在海床上发现了重力异常和圆形特征。据悉，墨西哥石油公司 PEMEX 可能在 1981 年发现了这个陨石坑，它靠近尤卡坦半岛的希克苏鲁伯村。陨石坑直径 180 千米（112 英里），非常接近阿尔瓦雷斯预测的 200 千米（124 英里）；1991 年发表的一篇论文将其列为可能的地点。

这就是 6 600 万年前 KT 小行星撞击地球的样子。

霸王龙目睹小行星撞击墨西哥尤卡坦海岸的场景重现。

谜团的最后一块拼图？

最后一块拼图似乎出现在2019年。

2012年，在美国北达科他州发现的一块化石田似乎装满了撞击后瞬间的证据。这里有被火球杀死的淡水鱼，鱼鳃里有玻璃般的岩石碎片，还有被连根拔起的树木。枯树和死鱼散落各处，就像从地上炸出来的一样，然后又掉了下来。

该遗址塔尼斯距离希克苏鲁伯3 000千米（1 860英里）；撞击发生于一条流入大海的河流附近。研究人员认为撞击产生的冲击波引发了100米（328英尺）高的大海啸，可能在13分钟后就将沉积物连同淡水和海洋生物一起抛到了陆地上。沉积物有1.3米（51英寸）厚，上面有一层铱。现在要确定这个地点是不是它看上去的样子还为时过早，但如果是的话，我们就有了有史以来最糟糕的一天的独特快照。

进化论——达尔文和雀类

我们对恐龙的兴衰以及前后变化的解释，在很大程度上依赖于1859年查尔斯·达尔文提出的进化论。

1831年，年轻的达尔文刚刚完成对威尔士的地质考察，就被邀请作为“绅士乘客”乘坐英国皇家海军贝格尔号（HMS Beagle）进行为期5年的旅行。这次航行他先是去了南美洲，然后去了厄瓜多尔沿海的加拉帕戈斯群岛，后面这一趟航行是非常著名的。达尔文的任务是进行科学观察：在南美洲，他研究了地质特征，收集了化石；在加拉帕戈斯群岛，他收集了鸟

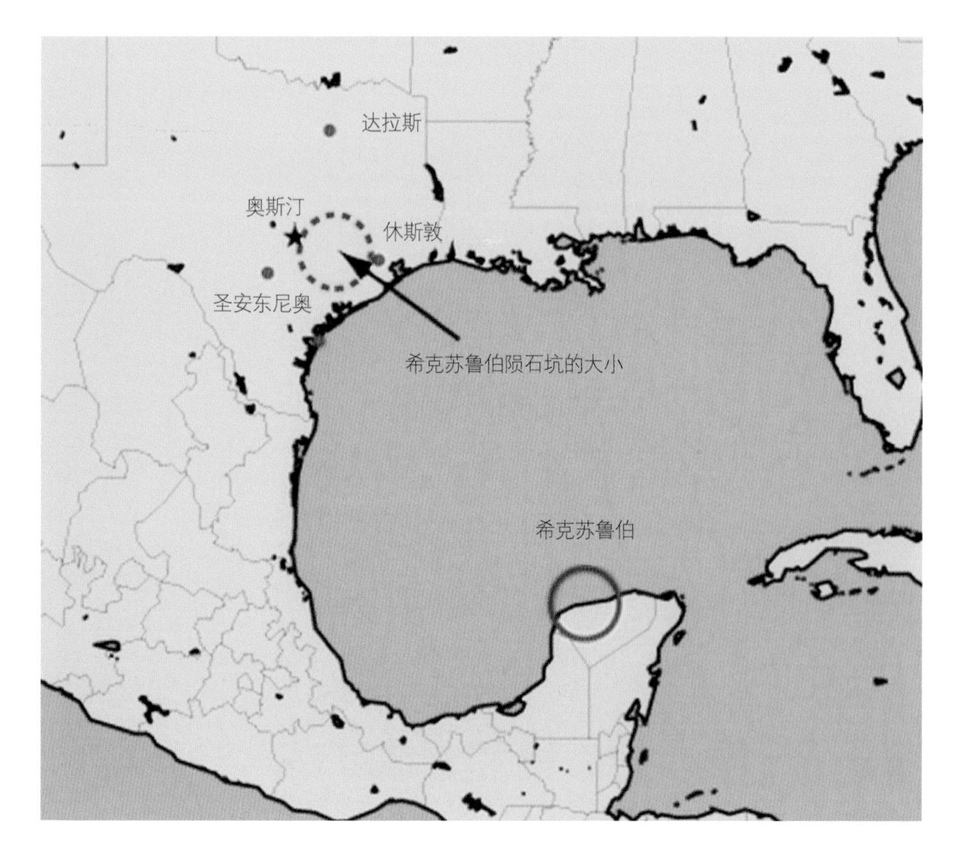

希克苏鲁伯陨石坑大部分位于墨西哥海岸的水下。它是由一颗大型小行星或彗星与地球碰撞而形成的。火山口有20千米（12.5英里）深，直径180千米（112英里），这是从奥斯汀到得克萨斯州休斯敦的距离。

了解我们要如何解读写在“岩石书”上的伟大历史事件，可能和这些事件本身一样有趣。

—— 沃尔特·阿尔瓦雷斯

类，他注意到不同岛屿上的鸟嘴形状略有不同。

回国后，达尔文花了许多年的时间才把他的研究成果写下来并公之于众。1859 年，他终于发表了《物种起源》，这显然是受到了阿尔弗雷德·华莱士（Alfred Wallace）即将发表类似理论的消息的推动。最终，达尔文和华莱士的论文在同年发表，这是查尔斯·莱尔设计的一个优雅的解决方案。

达尔文的理论认为，生物在“自然选择”的作用下会随着时间发生变化——那些最能适应环境和普遍条件的生物（“最适者”）最有可能成功、生长和繁殖。它们能找到最好的食物和生存空间，并在性竞争中获得成功。因此，它们的特征会代代相传，并随着时间的推移而强化。不太适应环境的不太可能成功，它们的特点会随着时间而消失。通过一个逐渐进化的

1. 大嘴地雀　2. 中喙地雀
3. 小嘴树雀　4. 鹰雀

达尔文划分的雀类根据其所生活岛屿上的食物而进化出不同的喙。

过程，一个物种可以变成另一个物种。

他在加拉帕戈斯群岛发现的鸟类的著名例子完美地说明了这一点。所有的鸟都有一个共同的祖先，一个物种从大陆来到其中一个岛屿。在很长一段时间里，随着这些鸟在岛屿间的扩散，它们发展出了适应不同岛屿提供的不同饮食的喙。例如，那些喙部最适合吃种子的物种在种子丰富的岛屿上最为成功。这些鸟分化成不同的物种，每一种都能很好地适应自己所处环境中的普遍条件。

从进化到基因

达尔文无法解释遗传的生物学机制。进化论缺乏起作用的手段，这一定让他的许多反对者感到高兴。许多人不愿意放弃人类具有独特性的信念，这似乎被达尔文提出的我们是从猿类进化而来的观点削弱了。达尔文在他的书中并没有强调人类进化，这是异议的焦点。由神创论者提出的其他论点认为，有太多的“缺失的环节”——如果理论正确，介于我们所知道的那些生物之间的生物肯定是存在的，但我们没有证据。很少有这些生物被化石化，而在为数不多的确实存在的石化生物中，几乎没有发现这些生物。因此，我们对曾经存在过的每一种生物都没有完整和连续的记录也就不足为奇了。但是，罗默空白一类的缺失逐渐开始被填补。

20 世纪 20 年代，美国生物学家托马斯·亨特·摩根（Thomas Hunt Morgan）通过培育果蝇的实验，发现了基因在遗传中的作用。19 世纪 60 年代，奥地利僧侣孟德尔（Gregor Mendel）发

有些东西变了，有些保持不变：蕨类植物（Osmunda claytonia）在 1.8 亿年里几乎没有变化。早在三叠纪时期的化石记录中就发现了同一种植物的化石。

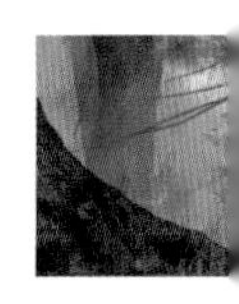

回到海洋：海豚等鲸类动物是从陆地哺乳动物进化而来的，它们移居海洋。

现了特征的遗传模式，但他无法解释特征是如何在世代之间传递的。摩根的研究解释了进化的机制。在20世纪30年代和40年代出现了一种现在被称为现代进化综合的模型。1953年，弗朗西斯·克里克（Francis Crick）、詹姆斯·沃森（James Watson）和罗莎琳德·富兰克林（Rosalind Franklin）解开了遗传物质DNA的分子结构。从那以后，对进化遗传学的了解使人类能够改变自己的进程，改造生物体以服务于特定的目的。

从恐龙到现在

KT灭绝对许多生物来说是灾难性的，但幸存下来的有哺乳动物和最后的恐龙——鸟。生命遵循着熟悉的多样化模式，通过适应性辐射——生物扩展到新的可获得的生态位，并适应那里的专门化。

中国的小型哺乳动物在晚三叠纪发生了进化。它们通常在夜间活动，很可能远离大型动物，生活在地下洞穴或树上。然而，在KT灭绝后的1万～1 500万年，哺乳动物开始长得更大，并向各种生态位扩展，甚至回到海洋，在那里，它们的腿进化成鲸和海豚的鳍和鳍足。这就是新生代的开始，一直延续到今天。

分散的大地

到白垩纪末期，盘古大陆分裂了，大陆板块向现在的位置移动。南美洲和北美洲仍然是

6 600 万年前，白垩纪末期的地球。
白色的轮廓对应现代的陆地。

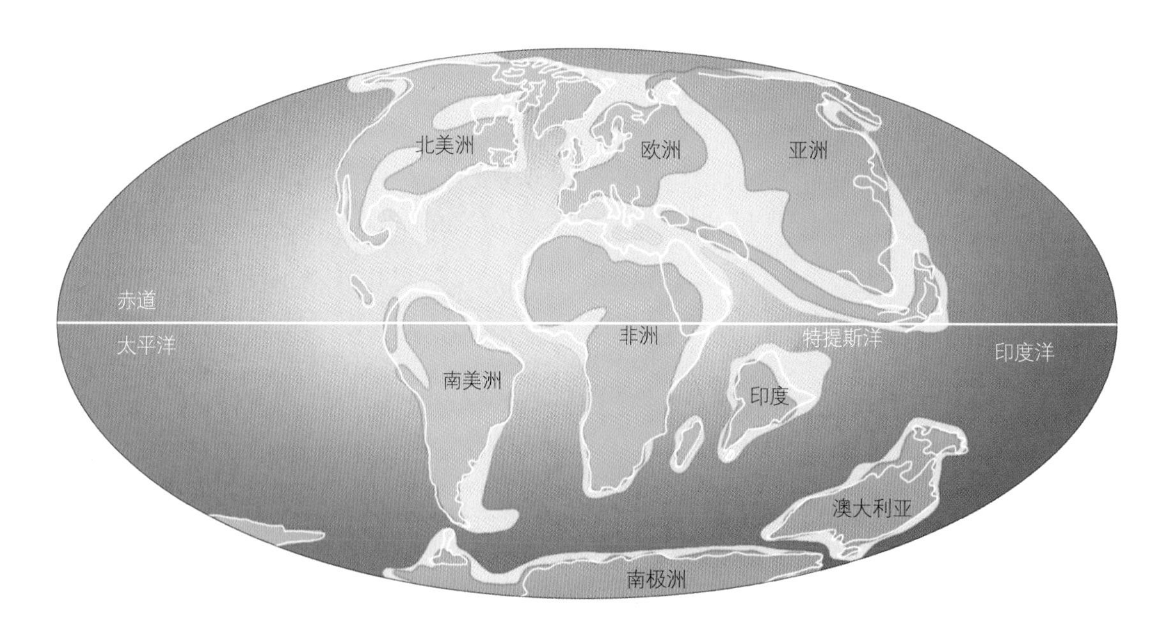

分开的，两者都比今天更接近欧洲和非洲。当时大西洋刚刚开辟，印度是一个向北移动的岛屿，即将与亚洲其他地区发生碰撞，这将推高喜马拉雅山脉。澳大利亚是南极洲海岸外的一个岛屿。当时的地图虽然与今天不太一样，但还是可以辨认的。

随着陆地的这种新的分布，海岸线变得更加广阔——远离大海的区域相对较少。随着山脉的形成，更多的地球岩石暴露在自然环境中。大气中的碳与水结合形成一种弱酸，然后以雨的形式降落到地球表面，溶解了岩石（化学风化）。大气中的二氧化碳逐渐减少。随着温室气体覆盖层变薄，温度下降了。在整个新生代中，世界正在逐渐变冷（不过在这一过程中也有更冷和更暖的区域）。

草和食草动物

随着气候的变化，潮湿的森林消退，出现了大片土地。大约 2 500 万年前，草类开始在广阔的土地上生长。随着草原的到来，动物们的牙齿逐渐适应了分解坚韧的纤维状树叶，并在分解树叶的同时能应付吃进去的沙粒。

目前还不清楚草原动物和食草动物是一起出现的，还是草原动物先出现并提供了一个食草动物进化的环境。不管怎样，由于地质变化，气候发生了变化，动植物适应了气候变化。

有了充足的食物，食草动物变得更大，更多样化。草很好地响应了动物取食的情况，变得从根部蔓延开，所以植物在地下的体积开始增大。其他被食草动物取食的低矮植物没有这种优势。所以草成了主宰。大量温驯的食草动物为越来越大的掠食者提供了食物供应。今天

的狮子、狼和熊的祖先出现了，并猎杀食草动物，而食草动物学会了聚集在一起，以保护自己。

其他方面的条件也有利于大型哺乳动物的发展。大约在 5 000 万年前，大气中的氧气含量上升了约 5%，可能达到 23% 的峰值。这有助于需要大量氧气的大型身体和大脑的发育。当时的气候比现在暖和，北极附近有鳄鱼而不是冰盖。海平面可能比现在高 100 米（328 英尺）。

胎盘哺乳动物

2013 年的一项研究发现，在美洲的某个地方可能出现了一个重要的生物进化，就在小行星撞击地球 40 万年之后——胎盘哺乳动物出现了。这些动物利用一种特殊的被称为胎盘的器官在母体内滋养未出生的婴儿，并生下活的幼崽。这将被证明是一种非常成功的生物策略——现在有超过 5 000 种胎盘哺乳动物，从小型啮齿动物到大型鲸鱼不等。胎盘哺乳动物迅速在世界各地扩散，不过它们没有到达澳大利亚或南美洲，因为这些地方离其他大陆更远。它们不会到达南美洲，直到出现了通往北美的大陆桥，但这些动物依然没有到达澳大利亚，直到人类把它们带了过去。

将胎盘哺乳动物运送到澳大利亚只是人类将对地球做出的改变之一，这在人类出现在地球的早期就开始了。除了光合作用的蓝藻（让地球走上了大气含氧的道路）外，人类对地球的改造比任何其他生物都要大。

胎盘哺乳动物现在在世界各地都有发现，但这些澳大利亚的野猪如果没有人类的帮助是不可能横渡大洋的。

仅仅几个世纪，人类就以难以想象的方式改变了地球的地貌。

第九章

人类世的到来

细菌……已经存在了 35 亿年，没有它们就没有我们生存的机会。在地质年代上，人类是近代才出现的，就像啤酒上的泡沫。

—— 詹姆斯 · 洛夫洛克（James Lovelock），1990 年

人类的崛起和潜在的衰落只是地球故事的一小部分。我们在地球上只存在了一刹那，很快就会消失。但我们会留下自己创造的伤疤，就像第一批蓝藻细菌留下的痕迹一样。

智人是我们早期使用工具的祖先之一，210 万至 150 万年前生活在非洲。

走出森林

地球从上次的小行星撞击中恢复过来，鸟类变大，不能飞了，然后又恢复到（大部分）小而会飞的状态。哺乳动物变大了，种类也变多了。爬行动物的地位也不像以前那么突出。与此同时，在 KT 小行星撞击地球后的最初 1 000 万年里，灵长类动物的祖先从森林中出现。一开始，它们是小型的像松鼠一样的食草动物。它们在欧洲、亚洲和北美的树林里奔跑，用手和脚支撑自己。

最早的“旧大陆”猴子和最早的“新世界”猴子分别出现在大约 3 400 万年前和 3 000 万年前，据推测，它们可能是通过某种方式穿越海洋的一群猴子，可能漂流在植被筏上。经过很长一段时间的寒冷气候、大陆分离和海平面下降，灵长类动物继续移动和进化，直到八九百万年前，非洲的一个种群分裂成两个。其中一个分支会进化成大猩猩，另一个分支会进化成黑猩猩、倭黑猩猩和人类。石器时代的第一种古人类——智人（Homo habilis），280 万年前出现在非洲。

做出改变

古人类几乎立即开始改变他们的环境。南方古猿在 250 万年前开始使用工具。工具随着时间的推移不断改进——工具使人类在面对敌人时更具野心，使他们能够击落更大的猎物。虽然南方古猿的饮食主要是植物性的，可能偶尔还会吃些腐败的鸡蛋和肉，但到了晚期直立人时期，肉和鱼是饮食中更为重要的一部分。这一点从垃圾场遗址（洞穴中的骨头和贝壳等）可以看出。直立人也是古人类的直系后裔中第一批离开非洲的人。接下来的重要一步是利用火。人类究竟是什么时候实现了这一点，目前还不确定。最早使用火的明确证据来自中国的

露西和其他人类

目前认为，人类最早的祖先是距今420万～380万年前生活在非洲的南方古猿（Australopithecus anamensis）。人们更熟悉的南方古猿阿法种（Australopithecus afarensis）是发掘出的390万年至300万年前的“露西”（Lucy）骨架，可能是从湖畔南方古猿分支而来。在非洲发现的最早的智人化石有30万年的历史。在非洲以外发现的最早的现代人类化石可以追溯到21万年前，是在希腊发现的。在中国（125 000～90 000年前）和其他地方也发现了其他人种群。非洲以外的现代人是从6万年前迁徙的人种群进化而来的。

一个遗址，可以追溯到79万至40万年前。火和工具的使用使人类比其他任何生物都具有巨大的优势。这意味着他们可以迁移到不同的环境中，而不必等待生物进化使他们适应不同的条件。人类可以迅速向北迁移到更寒冷的地区，而不仅仅是以进化可能让他们长出厚厚的毛皮和保温脂肪的速度迁移。他们只要杀了皮毛厚实的动物，用它的皮毛做了保暖的外套，就可以迁移——这是一个下午就能完成的工作，而不是几千年来的进化。如果仍然觉得冷，他们可以生火。

人类过去（现在仍然如此）是一种热带动物，能够在温带甚至寒冷地区生活，因为他们有能力利用火、工具和其他动物。

进化对人类离开热带地区做出的唯一实质性让步是使北部地区的人们拥有了苍白的皮肤。在阳光照射较少的情况下，苍白的皮肤仍然能够合成维生素D，但一个缺点是，如果暴

直立人身体比例与现代人相似，使用工具和火，吃煮熟的食物。

露在过量的阳光下，皮肤会被灼伤。不过，比起与佝偻病和其他维生素 D 缺乏症做斗争，待在阴凉处或处理晒伤还是比较容易的。

早期预警

从一开始，人类相对较大的大脑和更大的灵活性就对其他生物产生了负面影响。除了非洲，世界上任何地方都没有留下巨型动物，这可能不是巧合。非洲是人类起源的地方。这可能是因为人类在非洲大陆的进化使他们适应了非洲大陆。尽管如此，当第一批古人类离开非洲时，非洲哺乳动物的平均体型减少了一半。在人类迁移到的每一块土地上，巨型动物在人类到达后不久就消失了。这可能是狩猎的结果：通过合作和使用工具，人类可以对付大型猎物。气候变化和栖息地的破坏可能也起到了一定作用。

新墨西哥大学（University of New Mexico）的费利萨·史密斯（Felisa Smith）在 2018 年进行的一项研究精确量化了这种变化。一旦人类进入，每个生态区哺乳动物的体型都迅速下降；灭绝的哺乳动物比幸存的多 100 到 1000 倍。这种模式在除了南极洲（那里没有大型动物）以外的每个大陆都重复了至少 12.5 万年。不仅仅是智人要负责任，哺乳动物的减少可能始于 180 万年前的直立人和其他物种。当人类迁移到欧

一群穿着衣服、携带武器的尼安德特人攻击一头野牛。尼安德特人一直存活到 4 万年前，与智人在欧洲共存。

洲和亚洲时，哺乳动物的体型减半，就像在非洲一样。当他们迁入澳大利亚时，哺乳动物的体型下降了90%。在北美洲，哺乳动物的平均质量从98千克（216磅）下降到7.7千克（17磅）。

火山冬天

人类还没有遇到过毁灭性的灭绝事件，但他们有可能在大约7.5万年前差点遇到过。大约在那个时候，印度尼西亚的多巴超级火山灾难性地喷发，喷出的物质大约是1815年坦博拉火山喷发的100倍，约为3 000立方千米（720立方英里）。关于火山爆发影响的研究还没有定论。地质学家迈克尔·R.拉姆皮诺（Michael R. Rampino）和火山学家斯蒂芬·赛尔夫（Stephen Self）称，这导致了一个“短暂而剧烈的降温”或“火山冬天”，但来自格陵兰冰芯的证据表明，这是一个长达1 000年的寒冷期。其他专家说，短时间内有中度降温，也有人说没有显著影响。

基因研究表明，人类和其他一些物种，包括黑猩猩和老虎，大约在同一时间遇到了基因瓶颈。这标志着大部分人口死亡导致基因库大规模减小。人类人口可能下降到3 000 ~ 10 000人左右，所有现代人类都是从他们进化而来的。一些科学家认为，基因瓶颈和火山爆发没有关系，但显然存在某种危机，人类勉强避免了灭绝。

结伴而行

许多生物是群居生活的，但人类开始以越来越大的群体生活，改变了环境，并与其他群体进行交易。大约12 500年前，在世界不同地

从太空中看到的多巴湖，这里是大约75 000年前一座超级火山喷发的地方。

人类对环境最早的永久改变之一就是在窑洞的墙壁上使用颜料作画。

区开始的新石器时代革命，见证了从游牧狩猎采集的生活方式到在一个地方定居并在土地上耕作的集体生活方式的变化。

人类对自然界的影响开始升级，因为农业带来了土地的清理、小规模的森林砍伐、水路的改道和灌溉的建立。农业还通过选择性繁殖影响了其他生物的基因组成。人类是第一个对自然景观做出持久改变的生物。人们不是简单地筑巢和挖洞——它们几年后就会消失，而是从一个地方的地面上挖石头，然后搬到另一个地方，接着把它塑造成自然无法达到的形状。他们将黏土和颜料混合起来制作陶器，后来又从地下提取矿物和金属，并将它们分离或混合。真正的自然世界已经结束了。

人类的崛起

定居在城镇和城市可能会损害人类的健康（见下页的图片），但这并不妨碍人们的生育。随着人类人口的激增，随着口头和书面语言的发展，人们能够分享和传递知识，在可以持续一生的项目上进行合作，在世界范围内进行物品交易，开始建造现代科学的大厦。人类发明了故事来解释他们周围的世界，产生了宗教和创造性艺术。人们建立了以法律为基础的社会结构，发明了货币。简而言之，他们成为了现代人类，他们的数量越来越多，他们对世界其他地区的影响也越来越大。

当人类从游牧和四处游荡转变为定居及其附加的生活方式时，他们的身体也发生了变化。

从游牧民到农民

对人来说，成群结队地定居下来（后来形成城镇）并从事农业以确保正常的食物供应，这似乎是个好主意。但对人类健康的影响并不完全是正面的。与他人近距离生活导致了疾病的传播和第一次流行病的发生。与家养动物的亲密接触使动物病原体得以转移到人类身上，并在随后演变为人类病原体。由动物传播给人类的传染病的例子包括天花、流感和麻疹。另外，定居人口的营养标准往往比狩猎采集者的营养标准差。从以肉食为基础的饮食过渡到以谷物为基础的饮食，导致身材和预期寿命下降。直到20世纪，人类的身高才恢复到人们决定定居之前的水平。牛奶和谷物的供应意味着母亲可以同时抚养一个年幼的孩子和一个稍大的孩子，因此人口增长更快。定居的社区学会了储存剩余的食物，以便在需要的时候还能吃上饭。

移动

人类是第一个穿越广阔海域的陆基物种（除了鸟类）。他们也带着其他物种进入这些新地区，有时是有意的，有时是无意的。例如，疾病进入脆弱的人群，这有时对其他人是有害的，也可能对其他生物和环境有害。把老鼠、狗和其他食肉动物带到没有这些生物的岛屿上，往往会破坏当地特有动物的数量。其他外来物种，虽然不是直接掠食，却与当地物种竞争，导致它们灭绝。

接管

作为一个物种，人类在很短的时间内取得了巨大的成功。这使得其他物种几乎没有机会适应我们带来的变化。人类在 75 000 年前还不超过 10 000 人，在 1804 年左右达到了 10 亿人。仅仅过了 200 年，就变成了近 80 亿。医药和食品生产的进步使人口摆脱了影响其他生物的限制。我们不会受到食物供应的限制，因为我们可以种植更多的作物。我们是唯一有能力与疾病做斗争的，并且能够快速大规模地

斑马纹贻贝和夸加贻贝原产于东欧，后来随着轮船的舱底水被带到北美。它们在五大湖繁衍生息，减少了那里的浮游生物密度，使得较干净的水域容易出现致命的海藻爆发。

进行远距离移动。世界以前还没有和我们这样的生物打过交道，未来也很难预测。

在不求将人类早期的影响降到最低的情况下，随着工业革命的到来，情况肯定发生了显著而迅速的变化。工业革命是自新石器时代农业革命以来最大的社会变化。工业革命开始于英国和北欧，并迅速蔓延到北美和其他地方。机器开始使以前由人缓慢完成的工作自动化，机器开始由燃料而不是人或动物的肌肉力量来驱动。首先是蒸汽动力，它使用木材，然后是煤作为能源。只要能找到煤，到处都有煤矿开掘。人们开凿运河，运走煤和用煤发电的新工厂生产的产品。我们的故事在这里交织在了一起，因为正是挖掘运河和煤矿引发了 18 世纪的地质发现。虽然我们倾向于认为工业化是现代社会的一个特征，但早在 18 世纪之前，人们就已经使用化石燃料了。巴比伦早在 4 000 年前就开始使用沥青，希腊历史学家希罗多德（Herodotus）曾描述过一口油井可以开采石油和沥青，中国早在 2 000 年前就开始开采石油。4 世纪时，中国人也钻探油井，通过竹制管道将油井与咸水泉连接起来，燃烧石油蒸发海水并提取盐。

然而，这些小规模的活动与工业革命带来的后果相比，简直是小巫见大巫。在 100 年内，城镇和城市变成了肮脏和污染的地方，工厂喷出烟雾，毒害水源，人们在恶劣和危险的条件下工作。随着人们为寻找工作而迁移到城镇和城市，城镇和城市不断扩大。农耕业也进行了调整：机械弥补了劳动力的不足，也加剧了劳动力的不足，而由此产生的向更大的农场和更大的田地的转变改变了景观。

从地面到空中

工业革命让我们走上了现在仍在走的道路，燃烧化石燃料，从而将地下储存的碳以二氧化碳的形式释放到空气中。19 世纪晚期，人们发明了以石油或柴油为动力的机动车，并发现天然气也可以作为燃料燃烧，这些都加剧了这种破坏。科学家们可以通过从极地地区钻取的冰芯中提取大气中的气泡来测量空气中二氧化碳的含量。这表明，现在大气中的二氧化碳含量远高于过去 80 万年的任何时候，而且在过去 200 年里迅速上升。除了燃烧化石燃料释放二氧化碳，没有其他合理的解释。

不断上升的二氧化碳水平

1938 年，英国工程师和业余气象学家盖伊·卡伦德（Guy Callendar）将当时在美国东部采集的大气二氧化碳测量值与英国邱园 1898—1901 年的历史记录进行了比较，首次发现了二氧化碳水平上升的定量证据。20 世纪初二氧化碳的水平是 274ppm[①]，但到了 1938 年已经上升到 310ppm。卡伦德认为，原因是燃烧化石燃料的排放。早前，瑞典化学家斯万特·阿列尼乌斯（Svante Arrhenius）就提出了这一观点，但卡伦德是第一个为二氧化碳浓度上升提供确凿证据的人。

除了最顽固的拒绝接受气候变化的人之外，所有人都认为大气中二氧化碳的增长速度

①编者注：ppm 是百万分数。274ppm 表示百万分之二百七十四。

是引起重大警报的原因。世界各地的极端天气事件、更高气温和冰川融化都预示着未来的严重问题。但是，当卡伦德第一次注意到这个变化时，他觉得这将拯救人类，使其免于让冰河时代重现。引发冰河时代似乎是20世纪中期人们更关心的问题，而不是全球变暖。1958年，科学家们开始追踪夏威夷冒纳罗亚火山上空的二氧化碳水平。这些数据的图表显示，这一比例不断上升，但有一条典型的锯齿线，反映了北半球（人口更多的）冬季燃料使用更高的模式。这幅图被称为“基林曲线”（Keeling curvec），以大卫·基林（David Keeling）的名字命名。基林于1958年启动了该项目，并一直领导该项目到2005年。

昨日的气候

要理解现代气候变化，我们需要把它放在早期气候的背景下。新石器时代革命发生在冰河时期末期，在这个时期，冰从北极一直延伸到欧洲。随着气候变暖，人们有可能向北迁移，从事可靠的农业生产。欧洲和亚洲的温带气候帮助人类繁衍生息。虽然岩层和化石为地质学家提供了丰富的证据来研究地球的物理和生物历史，但气候是短暂的，留下的痕迹很少。对古气候（遥远过去的气候）的研究依赖于一些代用指标，如被冰破坏的岩石、花粉和孢子，以及岩石中的同位素特征。

形成气候

地球的气候是由五个主要组成部分相互作用而产生的：大气、水圈、冰冻圈（冰层沉积，包括冰盖和冰川）、岩石圈和生物圈。在它们之间，它们支配着气候，因此也支配着天气。但它们受到地球上可用热能的限制，而这是由太阳、火山活动和控制热量逸出到太空的温室气体所决定的。

地球之外

在太阳系形成的早期，太阳体积较小，散发的热量也较少，但地球内部的热量弥补了这一不足，使得地表水得以存在。我们从太阳接收到的辐射量仍然是不固定的，它受到太阳活动和地球在太空运动变化的影响。

在20世纪20年代，塞尔维亚地球物理学家米卢廷·米兰科维奇（Milutin Milankovic）提出，气候受地球在空间运动循环模式变化的影响。这些效应现在被称为米兰科维奇周期。就其与温度变化的对应关系而言，最引人注目的是地球绕太阳轨道的偏心率（地球的椭圆程度，或它与真正的圆的偏离程度）。这个变化的周期需要40.5万年才能完成。偏心轨道是由于与其他行星的引力相互作用造成的，尤其是金星（因为离得近）和木星（因为很大）。通过研究从亚利桑那州石化森林中钻出的岩芯中的沉积物层，科学家们发现这种影响气候变化的周期至少在2.15亿年内没有变化。

地球轨道的偏心性与其他周期相互作用，产生了一个超过10万年的日照（入射阳光）变化模式，这与过去258万年的冰川模式相匹配。地球在太空中运动的其他变化包括它的转轴倾角和它的轨道的逐渐移动（称为拱点进动）。在更大的尺度上，整个太阳系都在绕着

从岩石中钻出岩芯（柱状），可以揭示出延绵数百万年的年代记录。

银河系的中心旋转，这需要 2.3 亿年的时间。这些循环对地球气候的影响仍有待研究。

回到地球

在过去的 40 亿年里，地球的气候变化比地球在太空中的运动周期和太阳的活动所造成的变化要大得多。大气的组成、自然和陆地的位置以及各种生物的活动共同创造了这些周期所设定的参数内的气候。随着时间的推移，发现地球早期气候的细节变得越来越困难。

过去的气候

人们对古气候的兴趣始于 19 世纪。1889—1891 年，新西兰地质学家约翰·哈德卡斯尔（John Hardcastle）根据南部提马鲁（Timaru）的黄土沉积物，首次描述了过去气候的记录。他认识到，黄土是淤泥的一种，以风吹尘土层的形式沉积，然后压实变硬。它通

常是在冰川期形成的，当时几乎没有植被来阻止土壤的流失。哈德卡斯尔发现撞击岩石的沉积物记录了几个冰川期。在冰期之间，深色的岩石沉积下来，清晰地将各个时期分开。

档案记录和代用物

哈德卡斯尔的研究是科学家使用代用物（沉积物）来获取记录在其中的气候数据的第一个例子。今天，除了最近的气候，所有的气候都是通过代用物研究和它们产生的档案记录来研究的。人类的记录提供了过去几百年的信息，不过随着时间的推移，细节和精确度越来越低。对于史前，气候数据必须从生物、物理和化学环境中挖掘出来。

研究人员使用三种类型的代用物。生物代用物曾经是活的：它们包括化石花粉和孢子、软体动物的贝壳、树木年轮和木炭。物理代用物包括哈德卡斯尔和冰芯研究所用的沉积物（它们也是化学代用物）。化学代用物包括同位素和生物标记物（生物产生的化学物质）。

新西兰的黄土沉积揭示了有关古气候的有用信息。

冰芯保存了被困在气泡中的古代大气样本，以及灰尘、花粉、火山灰和其他过去气候的指示物。现在的冰芯可以追溯到 80 万年前——时间长到能与如转轴倾角和拱点进动之类的周期相关联。

每一种都能编码出关于过去气候的信息档案。例如，特定类型的花粉的存在表明，当时的条件适合该类型的植物生长。冰层是一层层铺设的，有厚有薄，取决于降雪是大雪还是小雪，这些冰层可以捕捉灰尘和气体，从而揭示大气的状况。

留下我们自己的档案记录

人类对气候造成的变化也被记录在自然环境中。这种变化是如此之快，以至于在数百万年的时间里，它所记录的内容将很难被解读。如果冰盖融化，就不会有冰芯作为档案。沉积物和物种的迅速消失将显示一个灭绝事件，但最近几个世纪二氧化碳的突然上升可能会对未来任何有能力研究的物种来说都是一个谜。

化石雨

南非普里斯卡的雨滴化石印记记录了 27 亿年前的降雨。雨水落入后来凝固的火山灰中，保存了雨天的完美记录。对化石的详细研究表明，当时的大气压力与现在相近或更低，地球是温暖的，大气中富含二氧化碳、乙烷和甲烷等温室气体。1851 年，莱尔首次提出用雨滴来计算古代大气压力。

18 世纪晚期，乔治·斯塔布斯（George Stubbs）画的林肯郡牛，人们已经通过几千年的精心饲养改良了家畜。

塑造环境

自农业开始以来，人类根据自己的需要塑造动植物。人类保存了最好的作物的种子，以便来年种植同样的作物，并把最好的羊、牛、狗和其他动物进行繁育，以生产出更多具有人类所喜欢的性状的产品。

在 20 世纪和 21 世纪，我们已经发展了直接控制基因的技术。除了改变我们想要的植物和动物的性质，我们还试图消灭那些我们不想要的动物。通常情况下，往往这些动物会变成或进化得相当具有适应性，而其他意想不到的目标也会受到影响。

第二次世界大战之后，二氯二苯三氯乙烷（DDT）被用于控制疟疾和斑疹伤寒，之后，政府和工业界开始推广使用它来防治农业和家庭害虫。二氯二苯三氯乙烷和其他农药的广泛使用和滥用，不仅让昆虫死亡，而且导致食物链更上游的动物死亡，并导致生态灾难。1962 年，美国海洋生物学家雷切尔·卡森（Rachel Carson）在她开拓性的著作《寂静的春天》（*Silent Spring*）中记录了这场灾难。她的工作推动了新的立法和生态运动的开始。

作为 1958—1962 年大跃进的一部分，中国鼓励其庞大的人口向“四害”宣战。其中之一就是麻雀，它们吃的谷物足以养活所有的人。但是，这种干预导致麻雀吃的昆虫的数量增加，从而导致了一场饥荒。

自 20 世纪发生这些灾难以来，我们已经更加认识到食物链和生态系统的脆弱性。

创造和打破

几千年前，人类就开始从矿石中提取金属，这使我们进入了青铜器时代和铁器时代。从那

以后，我们通过把金属以一种它们永远不会混合在一起的方式组合而制成了合金，我们还炮制出了自然界中不存在的其他化学品和材料。有些材料，如塑料和混凝土，没有自然分解的方法，将存在数千年。我们的发电站的放射性废料也将持续存在数千年。

但是地球不会在我们周围静止不动，进化也许已经赶上了我们已经造成的一些变化。2016 年发现的一种细菌——酒井大阪堺菌（Ideonella sakaiensis）可以利用碳作为食物来源来分解 PET 塑料。另一种细菌耐辐射球菌（Deinococcus radiodurans）被发现于 1956 年，它能承受极高剂量的辐射，已被用于清洗被重金属和放射性废物污染的土壤。它独特的耐寒性使它被称为“细菌蛮王”（Conan the Bacterium）。

另一个大灭绝?

目前物种灭绝的速度让科学家得出结论：我们正处于第六次（或第七次）物种大灭绝之中。这一次是由人类行为及其后果造成的：气候变化、森林砍伐、污染和沙漠化。联合国报告称，有 100 万个物种面临灭绝。据报道，在两次灭绝事件之间，目前的灭绝速率是正常速率的 1 000 倍。

杀虫剂和疾病威胁着蜜蜂和我们的食物系统所依赖的其他传粉者的健康。

总 结

地球，仍在进行中的工程

进化还没有结束，地球的故事也没有结束。假设人类生存下来，人类将继续进化，地球将经历更多的高温期、冰河期、小行星撞击和灾难性的火山爆发。地球已经处于中年，在太阳膨胀吞噬它的轨道之前还有大约50亿年的时间。在这段时间里会发生很多事情。在相对较短的时间内，大陆会重新漂移到一起，变成一个超级大陆；气候会变暖，海平面会上升；绿色植物会重新发挥作用，吸收空气中的一些二氧化碳，再次冷却空气。这种恢复可能不利于

在地球的历史上，不同的气候有利于不同类型的生物。现在地球变暖了，谁知道会出现什么类型的生物来利用新的条件？

不断变化的地球

现在大气中的二氧化碳含量约为 415ppm，是自上新世（530 万年至 260 万年前）以来的最高水平。那时，南极洲被茂密的森林覆盖。现在并不是南极洲的第一次高温；1 亿年前，那里的温度和今天的南非差不多。热带地区的平均温度有可能是 40℃ ~ 50℃，今天的植物和动物无法在那样的高温下生存。另一种可能是，某些机制——可能是频繁的飓风和不同的洋流——可能将热量重新分配到两极，因此热带地区并不像看上去那么热。地球在其历史的大部分时间里都没有出现过极地冰盖，所以如果地球正在回归到更暖的状态，这也不是什么新鲜事。

人类的平衡，但会让其他生物茁壮成长。

我们太阳系的其他行星可能曾经有过生命，气态巨行星周围的一些卫星可能仍有某种生命存在。地球的特殊之处在于在许多不同的环境中拥有多种多样的生命形式，从灼热的海洋喷口到冰冻的山脉，从干燥的沙漠到热带沼泽。它之所以能够支持生命，部分原因在于它的位置——离太阳足够近，可以产生液态水，但又不至于被烤焦。但仅有位置是不够的。

地球有独特的各种条件共同作用，尤其是它的构造活动，使它适合生命的存在。通过在需要的时候加入二氧化碳，并在温度过高的时候把二氧化碳从大气中带出来，岩石循环提供了一种刷新气候的方式，地球就摆脱了冰冻状态。虽然地球仍然有移动的构造板块和液态水，但它很可能以这样或那样的方式仍然适合生命居住。而生命也将继续塑造其家园，并被它塑造。